## Farnpflanzen

Zur Gruppe der Farnpflanzen gehören neben den eigentlichen Farnen auch Schachtelhalme und Bärlappgewächse. Ihnen allen ist gemeinsam, dass sie keine Blüten ausbilden, sondern stattdessen zur Vermehrung so genannte Sporen produzieren.

## Pilze

Sie sind nicht Pflanze und nicht Tier und bilden deshalb ein eigenes Reich. Ihre Artenvielfalt ist unglaublich groß und ihre ökologische Bedeutung immens: Sind sie es doch, die ganz maßgeblich dazu beitragen, dass pflanzliche und tierische Überreste in erneut nutzbare Nährstoffe umgebaut werden.

## Spuren und Fährten

Als Extraseiten finden Sie im Anschluss an die Tier- und Pflanzenporträts Fährten und Spuren: im Kapitel **Spuren** Gebilde wie Pflanzengallen und »Hexenringe« sowie Höhlen und Nester, Fraßspuren und andere »Hinterlassenschaften« bestimmter Tiere; im Kapitel **Fährten** die am häufigsten anzutreffenden Trittsiegel von Fuchs, Reh, Marder, Eichhörnchen und anderen Säugetieren.

### Gefahren im Wald – kein Grund zur Panik!

In gefährdeten Gebieten besteht beim Verzehr von Wildfrüchten das Risiko einer Infektion mit dem Kleinen Fuchsbandwurm. Dessen Eier haften an den Früchten und könnten sich im menschlichen Körper zu äußerst gefährlichen Parasiten entwickeln. Auf Nummer sicher geht, wer nur solche Früchte isst, die mehr als hüfthoch wachsen (die Eier können maximal so hoch vorkommen, wie ein Fuchs urinieren kann) oder aber die Früchte abkocht.

Pilze dürfen generell nur erhitzt genossen werden, also entweder gebraten oder gekocht. Wir weisen aber darauf hin, dass das vorliegende Buch wegen der eingeschränkten Artenauswahl nicht geeignet ist, eine eindeutige Artbestimmung und vor allem -abgrenzung von giftigen Doppelgängern durchzuführen. Im Literaturverzeichnis finden Sie entsprechende Bestimmungsbücher. Im Zweifelsfall sollten Sie sich an einen Sachverständigen vor Ort wenden (Pilzberatungsstelle).

Eine nicht unerhebliche Gefahr geht im Wald und auf Wiesen von Zeckenbissen aus. In bestimmten Gebieten sind Zecken Überträger der Frühsommer-Meningo-Enzephalitis (FSME). Für gefährdete Regionen empfehlen wir eine vorsorgliche Schutzimpfung. Nicht impfen können Sie sich allerdings gegen eine Infektion mit Borreliose. Bildet sich nach einem Zeckenbiss eine ringförmige Rötung um die Biss-Stelle, sollten Sie umgehend einen Arzt aufsuchen.

Frank und Katrin Hecker

# Tiere und Pflanzen des Waldes

KOSMOS

# Impressum

Mit 201 Farbfotos: 147 Fotos von Frank Hecker, 54 Fotos von weiteren Fotografen
Mit 2 Farbtafeln von Marianne Golte-Bechtle.

Bildnachweis
Alle Fotos von Frank Hecker, Panten-Hammer außer: Albers: 55m, 69m, 77mr; Buchner: 27ol; Danegger: 15u; Laux: 59mr, 59ur, 77ol, 83ol; Limbrunner: 19m, 23ul, 29o, 31ol, 33or, 33m, 33ul; Mestel/Hecker: 10/11, 13mr, 13ul, 15o, 15mo, 21ol, 21or, 21ml, 27ul,27ur, 29m, 37ol, 37mr, 37ul, 37ur; Sauer/Hecker: 7, 21mr, 21ul, 25ol, 25u, 45u, 47ol, 47or, 47ul, 47ur, 49or, 51ol, 65ol, 71mr, 73ol, 73ml, 81ul, 84ur, 87ul, 87ur, 96ol, 97ur; Zeininger: 29ur

Umschlaggestaltung von eStudio Calamar, unter Verwendung von 4 Farbfotos von Frank Hecker (Fuchs, Roter Fingerhut, Eichelhäher, Eicheln)

Bibliographische Information der Deutschen Nationalbibliothek
Die Deutsche Nationalbibliothek verzeichnet diese Publikation in der Deutschen Nationalbibliografie; detaillierte bibliografische Daten sind im Internet über http://dnb.ddb.de abrufbar.



Gedruckt auf chlorfrei gebleichtem Papier


ISBN 978-3-440-10218-3
Lektorat : Dr. Stefan Raps
Satz : Barbara Kiesewetter, Redaktionsbüro, München
Produktion: Johannes Geyer
Grundlayout: eStudio Calamar
Printed in Italy/ Imprimé en Italie

# Inhalt

## Waldspaziergang

Tief Luft holen und die Ruhe genießen, umgeben von lebendigem Grün. Wo geht das besser als im Wald, dem ursprünglichsten aller Land-Lebensräume? So war Europa vor vielen Millionen Jahren von dichten Wäldern bewachsen. Diese Wälder ermöglichten erst die kulturelle Entwicklung unseres Landes: Aus dem Holz bauten wir Städte und ganze Flotten und in Form von Kohle diente es dazu, Erze zu schmelzen und Metall herzustellen. Unsere Geschichte ist unlösbar mit dem Wald verknüpft – und das bis heute.

Vielleicht wissen wir heute mehr denn je den Wert des Waldes zu schätzen. Denn er ist ein wichtiger Rückzugsraum. Nicht nur für Pflanzen und Tiere, sondern auch für uns Menschen. Hier bekommen wir im bunten Treiben des Alltags etwas geboten, das es nur noch selten gibt: Ein Stück urwüchsiger Natur, zu der auch wir gehören, Stille und saubere, unverbrauchte Luft. Die Abermillionen Blätter im Wald produzieren unermüdlich Sauerstoff, ohne den wir Menschen nicht existieren können.

Doch ist er uns auch fremd geworden, unser Wald. Wer kennt sie noch, die schlanke Buche, die wertvolle Eibe, den aromatischen Waldmeister, den Hirschkäfer, Kleiber und Dachs? Das lässt sich ändern: Machen Sie Ihren Waldspaziergang zum unvergesslichen Erlebnis und schließen Sie Bekanntschaft mit seinen Bewohnern: den mächtigen Baumriesen, den zarten Waldblumen und den unzähligen, faszinierenden Tieren.

**Der Wald: wichtiger Lebensraum für viele Tiere und Pflanzen**

### ...im Frühling

Wenn im März auf Wiesen und Feldern noch Winterruhe herrscht, verwandelt sich der Waldboden schon in einen bunt gesprenkelten Teppich. Frühjahrsblüher wie Busch-Windröschen, das gelb lackierte Scharbockskraut oder Leberblümchen und Lerchensporn blühen jetzt um die Wette. Bis die Blätter der Bäume sich entfalten und diesen Frühjahrsblühern das Licht nehmen. Jetzt ist auch der beste Zeitpunkt, dem Vogelkonzert zu lauschen: Buchfink, Rotkehlchen, Amsel, Specht und Zaunkönig und viele andere Waldvögel verteidigen lautstark ihre Reviere und werben mit ihren Gesängen um die Weibchen. Konzertbeginn: pünktlich kurz vor Sonnenaufgang.

## ...im Sommer

Ab Mitte April bis Mitte Mai entfalten die Bäume ihre Blätter; ein Ereignis im Wald, das Sie nicht verpassen sollten. So hell ist das Grün und die damit gezauberte Lichtstimmung nur für wenige Wochen. Im Sommer lässt sich auch das »Gesicht« der Bäume gut studieren: Welche Rinde gehört zu welchen Blättern und Knospen? Die Tiere sind jetzt besonders aktiv und lassen sich gut beobachten: Pausenlos fliegen Vögel mit prall gefüllten Schnäbeln zu ihren Nestern, um den hungrigen Nachwuchs zu füttern, und am Boden sind jetzt die wichtigsten Waldtiere besonders aktiv: Merkwürdige kleine Tierchen wie Saftkugler, Schnurfüßer und Asseln verarbeiten den Waldboden zu gutem Humus. In der Laubstreu und unter Steinen lauern ihnen dabei Räuber wie Laufkäfer, Steinläufer und Wolfsspinnen auf und im Ameisenbau herrscht jetzt quirliges Leben.

## ...im Herbst

Jetzt ist Erntezeit. Die Sträucher am lichten Waldrand hängen voller süßer Früchte: Saftige Himbeeren, tiefschwarze Brombeeren, knallig rote Hagebutten und Holunderbeeren sind oft in solchen Mengen vorhanden, dass sich die Zweige biegen. Vor dem nahenden Winter können sich die Tiere ihre Bäuche nun noch für wenige Wochen rund futtern. Geradezu verschwenderisch erscheinen die Unmengen an Früchten, die von den Bäumen herunterfallen. Der Boden unter Buchen und Eichen ist jetzt mit einer dicken Schicht Bucheckern und Eicheln bedeckt. Fichten und Tannen verpacken ihre Samen in hübschen Zapfen. Diese Baumfrüchte sind ein wichtiger Wintervorrat für viele Tiere, denn sie enthalten wertvolle Fette und sind lange haltbar. Deshalb sieht man jetzt häufig Eichelhäher, Mäuse und Eichhörnchen beim Herumschleppen der Früchte. Sie legen sich Vorratskammern für die kalte Jahreszeit an.

## ...im Winter

Nun fallen besonders die Nadelbäume auf, denn nur sie – mit Ausnahme der Lärche – behalten auch im Winter ihre widerstandsfähigen, nadelartigen Blätter. Im Winter ziehen zwar viele unserer Vögel – wie Laubsänger und Grasmücken – in den Süden, dafür kommen aber andere aus dem Norden zu uns. Lärmende Trupps von Rotdrosseln und Wacholderdrosseln kann man nur im Winter treffen. Spannend ist die Spurensuche. Fußabdrücke, Futterplätze und Wohnbauten lassen sich im kahlen Winterwald besonders gut entdecken.

**Spaziergänge erlauben zu allen Jahreszeiten faszinierende Beobachtungen.**

## Unsere Waldtypen

Einst war ganz Europa von Urwäldern bedeckt. Hier wuchsen knorrige, uralte Baumriesen neben jungen Sprösslingen, jede Altersstufe hatte ihren Platz. Krachte ein Baumriese schließlich um, so schaffte er Licht für den Jungwuchs. Der altersschwache Stamm vermoderte nach und nach und wurde wieder zu Humus – zum Nährboden für junges Leben.
Diese urwüchsigen, sich selbst überlassenen Wälder waren prall gefüllt mit Leben: mit Kräutern und Sträuchern, mit Moosen, Farnen und Pilzen, imposanten Hirschkäfern und anderem Kleingetier und natürlich mit Raubtieren wie Wolf, Bär und Luchs. Solche Urwälder gibt es heute in Europa praktisch nicht mehr, außer wenigen Überbleibseln in kaum besiedelten Regionen wie dem Bialowiezer Wald an der Ostgrenze Polens. Der Mensch hat den Wald gezähmt und nutzbar gemacht. Dennoch lassen sich auch heute noch immer ganz verschiedene Waldtypen unterscheiden.

**Auf Expedition: Kinder lassen sich schon früh für die Geheimnisse des Waldes begeistern.**

### Der Buchenwald

Er ist für unser insgesamt ozeanisch geprägtes Klima mit hoher Luftfeuchtigkeit und reichlich Niederschlägen typisch. Die Rot-Buche bildet ein so geschlossenes Blätterdach, dass wir darunter wie in einem Kirchengewölbe spazieren gehen können. Regnet es, wird man hier kaum nass. Im Dämmerlicht des Buchenwaldes kann kaum eine andere Pflanze gedeihen. Nur Frühlingsblüher wie Busch-Windröschen *(Anemone nemorosa)*, Leberblümchen *(Hepatica nobilis)* und Scharbockskraut *(Ranunculus ficaria)* nutzen im zeitigen Frühjahr schnell das noch vorhandene Licht zum Blühen. Kommen im Mai die Buchenblätter heraus, ist ihre Zeit schon wieder vorbei.

### Der Eichenwald

Überall da, wo der Boden für die Buche zu arm ist, zu sauer, zu trocken oder aber zu nass, macht die genügsamere Eiche ihr Konkurrenz. Weil die Eiche viel mehr Licht durch ihr Kronendach lässt als eine Buche, ist ein Eichenwald immer hell und freundlich. Hier gedeiht auch eine Vielzahl anderer Bäume und ein artenreicher Unterwuchs aus allerlei Sträuchern und Kräutern.

In Deutschland gibt es relativ viele Eichenwälder, obwohl die Buche der Eiche in vielen Gebieten eigentlich überlegen wäre. Das liegt daran, dass die Eiche schon seit vielen Jahrhunderten das »Hätschelkind« der Deutschen ist. Ihr Holz ist besonders langlebig und hart und zudem wurde früher das Vieh gern in Eichenwälder getrieben: Die nahrhaften Eicheln waren ein wichtiges Mastfutter und lieferten so letztlich wunderbaren Schinken.

## Der Auwald

Wo Flüsse wie Rhein, Donau, Elbe, Oder und ihre Nebenflüsse fließen, würden sich natürlicherweise an den Ufern kilometerlange Auwälder entlangziehen. Doch heute durchfließen unsere Flüsse meist eine kahle Landschaft aus Wiesen und Feldern. Auwälder gibt es nur noch in wenigen Regionen. In ihnen gedeihen Bäume, denen es nichts ausmacht, regelmäßig »nasse Füße« zu bekommen. Das sind hauptsächlich Stiel-Eiche *(Quercus robur)* und Esche *(Fraxinus excelsior)*. Wo das Grundwasser fast ganzjährig hoch steht, bildet die Erle *(Alnus glutinosa)* so genannte Erlenbruchwälder. Mit ihrem tief reichenden Wurzelwerk können Auwälder ungeheure Mengen Wasser speichern und so oftmals Überschwemmungen verhindern.

## Der Bergmischwald

Je höher wir ins Gebirge hinaufsteigen, desto häufiger wird die fast überall dominante Rot-Buche *(Fagus sylvatica)* von Tannen *(Abies alba)*, Fichten *(Picea abies)* und Kiefern *(Pinus sylvestris)* abgelöst. Dieser Bergmischwald ist lichter als ein reiner Buchenwald und dementsprechend gelingt es auch verschiedenen anderen Bäumen und Sträuchern, darin Fuß zu fassen.

**Artenreiche Bergmischwälder sind die ursprüngliche Heimat unserer Nadelbäume.**

## Der Nadelwald

Riesige künstliche Nadelforste in fast jeder unserer Landschaften täuschen darüber hinweg, dass Fichte, Tanne und Lärche eigentlich nur in einem kleinen Teil unseres Landes zu Hause sind: in den Bergen. Im Flachland sind sie der Konkurrenz mit Laubbäumen wie der Buche nicht gewachsen. Nur dank der Hilfe durch Forstleute können sie hier existieren. Die Stärke der Nadelbäume liegt in ihrer außerordentlichen Unempfindlichkeit gegenüber Kälte, außerdem gedeihen sie auch auf feuchten und sehr sauren Standorten. So wachsen natürliche und schöne Fichtenwälder hoch oben in den Bergen, wo sie selbst dicken Schneedecken trotzen.

# Tiere

Im Wald sieht man die großen Tiere wie Hirsch oder Wildschwein zwar kaum. Doch wenn man ihre Spuren kennt, lassen sich daraus richtige Geschichten lesen. Andere Gesellen sind schon auffälliger: Lautstark verteidigen Vögel ihre Reviere und am Waldboden jagen Waldeidechsen, Ameisen und flinke Laufkäfer umher.

Sie finden die Tiere in diesem Buch sortiert von den Säugetieren wie Hirsch und Fuchs über Vögel wie Habicht, Buntspecht und Buchfink bis zu den Amphibien und Reptilien wie Feuersalamander oder Waldeidechse. Am Ende stehen Insekten, Spinnen, Schnecken und Asseln.

## Wildschwein

*Sus scrofa* (oben links und rechts)

> Allesfresser
> beliebtes Jagdwild
> gestreifte Frischlinge

**Merkmale** Kräftige Schweine mit dicht borstigem, dunkelbraunem Fell. Männchen (»Keiler«) bis zu 1,8 m lang und 350 kg schwer mit hervorstehenden Eckzähnen (»Hauer«) im Unterkiefer. **Vorkommen** In Wäldern, zur Nahrungssuche häufig auf Feldern. **Lebensweise** Nah verwandte Weibchen (»Bachen«) bilden mit ihren Jungen (»Frischlinge«) Familienverbände von bis zu 50 Tieren. Zur Nahrungssuche oft auf Maisäckern. Die Keiler sind außerhalb der Paarungszeit Einzelgänger. **Wissenswertes** Bachen verteidigen ihre Frischlinge aggressiv, auch gegenüber Menschen.

## Rothirsch

*Cervus elaphus* (Mitte links und rechts)

> König unserer Wälder
> herbstliches Brunftgeschrei
> mächtiges Stangengeweih

**Merkmale** Unser größter Hirsch (bis zu 350 kg ). Im Sommer rotbraun, im Winter graubraun. Männchen (links) mit großem Stangengeweih, Weibchen (rechts) geweihlos. **Vorkommen** Große Wälder mit Freiflächen, Heiden und Moore. **Lebensweise** In Rudeln, Hirschkühe mit Jungen getrennt von den Hirschen, treffen nur zur Fortpflanzungszeit (»Brunft«) Ende September bis Mitte Oktober zusammen. Frisst Kräuter, Blätter und Baumfrüchte, schält Rinde von Bäumen. **Wissenswertes** Im Spätwinter verlieren die Hirsche ihr Geweih und bilden in 100 Tagen ein neues.

## Damhirsch

*Cervus dama* (unten links)

> Schaufelgeweih
> weiß gepunktet
> oft in Gattern

**Merkmale** Mittelgroß (bis zu 200 kg schwer). Im Sommer rotbraun mit weißen Punkten, im Winter dunkler und schwächer gepunktet. Männchen mit Schaufelgeweih, Weibchen ohne. **Vorkommen** Mischwälder in Ebenen und Mittelgebirgen. **Lebensweise** Lebt im Sommer getrennt nach Geschlechtern, im Herbst zur Brunft treffen sich die Tiere und bleiben bis zum Frühjahr zusammen. Fressen Gräser, Kräuter, Baumfrüchte und Rinde. **Wissenswertes** Wirft sein Geweih im April/Mai ab, das neue ist Ende August fertig. Oft in Parks und Gattern.

## Reh

*Capreolus capreolus* (unten rechts)

> unser kleinster Hirsch
> kurzes Geweih
> Kitze gepunktet

**Merkmale** Grazil, im Sommer rotbraun, im Winter graubraun, Männchen mit kurzem, nur bis 30 cm langem Geweih. **Vorkommen** In lichten Wäldern, zur Nahrungssuche oft auf Feldern. **Lebensweise** In kleinen Familienrudeln, die Böcke einzeln. Im Herbst und Winter in gemischten Rudeln. Fressen Knospen von Laubbäumen und Tannen, Kräuter, Baum- und Feldfrüchte. **Wissenswertes** Kitze sind geruchlos und werden zum Schutz gegen Feinde in dichter Vegetation versteckt. Ist die Gefahr vorbei, kehrt die Mutter zu ihnen zurück.

## Eichhörnchen

*Sciurus vulgaris* (oben)

> lebt auf Bäumen
> baut Kugelnester
> oft futterzahm

**Merkmale** Bis zu 25 cm groß mit fast ebenso langem, buschigem Schwanz. Fell im Sommer leuchtend rostrot, im Winter dunkler. **Vorkommen** In Gärten, Parks und Wäldern mit altem Baumbestand. **Lebensweise** Lebt auf Bäumen, klettert und springt gut. Baut kugelförmige Reisignester (Kobel) in Astgabeln und Baumkronen. Bringt hier die Jungen zur Welt. Frisst Nüsse und andere Baumsamen, legt Wintervorräte an. **Wissenswertes** In der ersten Jahreshälfte sieht man häufig wilde Hetzjagden: Es sind paarungsbereite Männchen, die hinter Weibchen herjagen.

## Rotfuchs

*Vulpes vulpes* (Mitte oben)

> schlau
> roter Pelz und buschiger Schwanz
> Hauptspeise: Mäuse

**Merkmale** Unverwechselbar mit seinem roten Fell und dem mächtigen, buschigen Schwanz. **Vorkommen** Ursprünglich ein Waldbewohner. **Lebensweise** Dämmerungs- und nachtaktiv, frisst hauptsächlich Mäuse. Bringt Junge in Erdhöhlen zur Welt. **Wissenswertes** Der sprichwörtlich »schlaue Fuchs« ist allen Versuchen, ihn bei uns loszuwerden, entkommen.

## Dachs

*Meles meles* (Mitte unten)

> Gesicht schwarz-weiß gestreift
> die Burg im Wald
> Fuchs als Untermieter

**Merkmale** Wie ein mittelgroßer, plumper Hund. Kurze Beine und schwarz-weiß gestreiftes Gesicht. **Vorkommen** In Wäldern, Flussauen und Gebirgen. **Lebensweise** Dachse halten sich tagsüber und im Winter mehrere Monate in ihren Bauten auf. Entsprechend geräumig legen sie ihre »Dachsburgen« an. Das sind bis zu 30 m weit verzweigte Gangsysteme mit verschiedenen Ein- und Ausgängen und geräumigen Höhlen auf mehreren Etagen. **Wissenswertes** Dachsbauten werden über Generationen weitervererbt und oft von mehreren Tieren bewohnt. Sie sind so geräumig, dass darin häufig noch der Fuchs als Untermieter Platz findet.

## Baummarder

*Martes martes* (unten)

> geht nachts auf Beutefang
> springt von Baum zu Baum
> gelber Kehllatz

**Merkmale** Katzengroß, aber kurzbeiniger mit langem, buschigem Schwanz. Färbung kastanienbraun mit typischem, gelbem Kehlfleck. **Vorkommen** In höhlenreichen Wäldern, Parks und Gebirgen. **Lebensweise** Einzelgänger, der am liebsten in der Dämmerung und nachts unterwegs ist. Meist am Boden, klettert und springt aber auch bis zu 4 m von Baum zu Baum. Als Nahrung dienen Eichhörnchen, Mäuse, Vögel, Eier, Obst und größere Insekten. **Wissenswertes** Der Baummarder hat noch einen Bruder mit weißer statt gelber Brust, den Steinmarder. Dieser lebt in unmittelbarer Nähe des Menschen.

## Waldspitzmaus

> keine echte Maus
> Einzelgänger
> frisst Insekten

*Sorex araneus* (oben)

**Merkmale** Typische Insektenfresser-Gestalt (keine Maus!): lange und spitze, rüsselförmige Schnauze, winzige Augen und Ohren und samtweiches Fell. Kleiner als eine Hausmaus. **Vorkommen** In Wäldern, Wiesen, Gärten und Parks. **Lebensweise** Sucht in dichtem Bodenbewuchs nach Nahrung. Als Vertilger von Würmern, Spinnen, Schnecken, Käfern und Aas sind Spitzmäuse, genau wie der verwandte Igel, für den Menschen ausgesprochene Nützlinge. Baut ein Kugelnest unter Baumwurzeln, oft auch unter Holzstapeln.

## Waldmaus

> langer Schwanz
> eine der häufigsten Mäuse
> besetzt Vogelkästen

*Apodemus sylvaticus* (Mitte oben)

**Merkmale** Mit etwa 10 cm so groß wie eine Hausmaus, der Schwanz ist noch einmal genauso lang. Oberseits graubraun, die Unterseite weißlich. Große Augen und Ohren verraten das Nachttier. **Vorkommen** In Wäldern, Hecken, Feldern, Wiesen, Parks und Gärten. **Lebensweise** Einzelgänger, der hauptsächlich in der Dämmerung und nachts unterwegs ist. Die Tiere springen sehr gut und klettern gern auf Bäume und Sträucher. Sie graben tiefe Gänge mit Nest- und Vorratskammern.

## Rötelmaus

> leicht zu beobachten
> rotbrauner Rücken
> Massenvermehrungen

*Clethrionomys glareolus* (Mitte unten links und rechts)

**Merkmale** So groß wie eine Hausmaus, oberseits kräftig rotbraun, Bauchseite weißlich. Mit kleinen Ohren und nur etwa halbkörperlangem Schwanz. **Vorkommen** In Wäldern, Wiesen, Parks, Hecken und Gebüschen. **Lebensweise** Die geselligen Wühlmäuse sind dämmerungs- und nachtaktiv, häufig aber auch am Tage tätig und dann leicht zu beobachten, weil wenig scheu. Ihre Nestkammern bauen sie in Reisighaufen oder in morsche Baumstümpfe. Hier bringen die Weibchen bis zu viermal im Jahr drei bis sieben Junge zur Welt. **Wissenswertes** Gibt es genug zu fressen, kommt es leicht zu Massenentwicklungen. Davon profitieren ihre Fressfeinde, die Eulen.

## Siebenschläfer

> nächtlicher Poltergeist
> hält Winterschlaf-Rekord
> oft in Wochenendhäusern

*Glis glis* (unten)

**Merkmale** In Größe und Aussehen wie eine Mischung aus Eichhörnchen und Ratte. Graues Fell, buschiger Schwanz und große Augen typisch. **Vorkommen** In Mischwäldern, Gärten und Parks. **Lebensweise** Baut Nester in Baumhöhlen, Nistkästen, Schuppen und auf Dachböden. Frisst gerne Baumfrüchte und -rinde, Obst, Insekten und Vogeleier. **Wissenswertes** Siebenschläfer bringen es in kalten Wintern tatsächlich auf sieben Monate Winterschlaf: Im September/Oktober verkriechen sie sich in frostsichere Erdhöhlen, um erst wieder im Mai/Juni aufzuwachen.

## Rotmilan

*Milvus milvus* (oben links)

> gegabelter Schwanz »Gabelweihe«
> »Müllverwertung« beim Nestbau
> kontrastreich gefärbt

**Merkmale** Etwas größer als ein Bussard. Rötlich gefärbt mit weißlichem Kopf und Hals. Tief gegabelter rotbrauner Schwanz. Im Flug von unten gesehen kontrastreich gefärbt. **Vorkommen** In lichten Laub- und Mischwäldern. **Lebensweise** Rotmilane machen Jagd auf verschiedene Kleinsäuger und Vögel, gehen aber auch gerne an Aas und »Straßenopfer«. Ihr Nest befindet sich meist hoch in den Bäumen und ist oft mit Lumpen, Papier und ähnlichem Müll ausgekleidet. **Wissenswertes** Die meisten Rotmilane ziehen während der kälteren Wintermonate in den Mittelmeerraum, einige bleiben jedoch auch bei uns.

## Sperber

*Accipiter nisus* (oben rechts)

> Kleinvogeljäger
> quer gestreifte Brust
> jagt im Winter am Futterhaus

**Merkmale** Etwa krähengroß mit quer gestreifter Unterseite (»Sperberung«). Im Flug sind die recht kurzen, runden Flügel in Kombination mit dem langen Schwanz ein gutes Erkennungsmerkmal. **Vorkommen** Brutvogel meist in Fichtenforsten, jagt aber in Hecken- und Buschlandschaften, im Winter auch häufig in der Nähe von Ortschaften. **Lebensweise** Der Sperber ist ein Überraschungsjäger, der plötzlich aus der Deckung herausgeschossen kommt und sich pfeilschnelle Verfolgungsjagden mit Kleinvögeln liefert. Zu seiner Hauptbeute zählen Spatzen, Finken und Amseln.

## Habicht

*Accipiter gentilis* (Mitte)

> des Sperbers »großer Bruder«
> erbeutet Vögel ab Drosselgröße
> wendiger Überraschungsjäger

**Merkmale** Etwas größer als ein Bussard, er ist eine große, kräftige Ausgabe des Sperbers. **Vorkommen** Brütet in Wäldern mit alten Baumbeständen, Jagdgebiete in offener, buschreicher Landschaft. **Lebensweise** Schlägt Vögel, die der Sperber aufgrund seiner geringeren Größe kaum noch bekommt. Vor allem Drosseln, Tauben und Eichelhäher stehen auf seinem Speiseplan, aber auch Eichhörnchen und Kaninchen.

## Mäusebussard

*Buteo buteo* (unten)

> unser häufigster Greifvogel
> bekannter Ruf: »hiää«
> oft an Straßenrändern

**Merkmale** Mittelgroßer Greifvogel, etwa so groß wie ein Huhn. Im Flug Flügel relativ breit und Schwanz relativ kurz. Sehr variabel gefärbt, was leicht zu Fehlbestimmungen führt. Die Farbpalette reicht von schwarzbraun über »gescheckt« bis fast weiß. **Vorkommen** Brütet in Wäldern, braucht zur Nahrungssuche aber offene Landschaften. **Lebensweise** Baut sein Nest aus großen Zweigen hoch oben in Bäumen. Frisst hauptsächlich Mäuse und junge Kaninchen. Harrt oft lange auf Sitzwarten aus, von denen aus er Jagdflüge unternimmt.

## Auerhuhn

> poltert beim Auffliegen
> Hähne treffen sich zur Balz
> schleifen, knallen und glucksen

*Tetrao urogallus* (oben links und rechts)

**Merkmale** Mächtige Hühner: Das Männchen (rechts) so groß wie ein Truthahn, dunkelgrau und braun gefärbt, das Weibchen (links) etwa gänsegroß und schlicht goldbraun marmoriert. **Vorkommen** Bedrohter Brutvogel, braucht ungestörte, naturnahe Nadel- und Mischwälder. **Lebensweise** Ernährt sich vegetarisch von Kiefernnadeln, Knospen, Kräutern und Beeren, im Sommer auch von Ameisen. **Wissenswertes** Legendär ist die Auerhahn-Balz: Noch vor Sonnenaufgang treffen sich die Hähne im Frühjahr an traditionellen Balzplätzen und buhlen mit eigenartigen Verhaltensweisen und Tänzen um die Gunst der Weibchen. Mit hochgereckten Köpfen, abgespreizten Flügeln und hoch aufgefächerten Schwanzfedern laufen sie herum und machen merkwürdige Geräusche, die wie das Knallen von Sektkorken, Glucksen und Schleifen klingen.

## Ringeltaube

> gurrt fünfsilbig »hu hu hu – hu hu«
> fliegt mit lautem Flügelklatschen auf
> im Winter in Schwärmen auf Feldern

*Columba palumbus* (Mitte links und rechts)

**Merkmale** Unsere größte Taube. Häufig zu hörender fünfsilbiger Ruf (Türkentaube: dreisilbig). Je ein weißer Fleck an den Halsseiten und eine im Flug auffällige, weiße Flügelbinde. Erschreckt Waldspaziergänger nicht selten, wenn sie urplötzlich mit lautem Flügelklatschen auffliegt. **Vorkommen** Brütet in Wäldern, kleinen Feldgehölzen, Parks, Tierparks und Gärten, zur Nahrungssuche häufig in Trupps auf Äckern. **Lebensweise** Frisst Baumfrüchte wie Eicheln und Bucheckern, aber auch Getreide, Kohl, Klee, Raps und Beerenfrüchte. Schließt sich im Winter mit Artgenossen zu Schwärmen zusammen. **Wissenswertes** Ausgerechnet Ringeltauben, die Lieblingsspeise des Habichts, brüten gern in unmittelbarer Nähe des Habichtsnestes. Hier, in der Zone um sein Nest, sind sie interessanterweise sicher.

## Kuckuck

> allbekannte »Kuckuck«-Rufe
> legt seine Eier in fremde Nester
> Einzelgänger

*Cuculus canorus* (unten links und rechts)

**Merkmale** Etwas kleiner als eine Taube, mit langem Schwanz und spitzen Flügeln. Kann grau oder braun gefärbt sein. **Vorkommen** Bevorzugt Wiesen und halboffene Landschaften mit Waldrändern oder Hecken sowie Waldlichtungen. **Lebensweise** Frisst Schmetterlingsraupen, Käfer und Heuschrecken. **Wissenswertes** Der Kuckuck ist ein Brutparasit: Seine Eier verteilt er einzeln auf die Nester kleiner Singvögel, gern Teichrohrsänger und Rotkehlchen. Der Jungkuckuck (links) befördert seine Stiefgeschwister aus dem Nest, seine Zieheltern, die viel kleiner sind als er, müssen hart arbeiten, um den Parasiten satt zu bekommen. Die Tiere verbringen die Wintermonate im südlichen Afrika und kehren erst im April oder Mai nach Mitteleuropa zurück.

## Waldohreule

> lange Federohren
> orangefarbene Augen
> brütet in Krähennestern

*Asio otus* (oben links und rechts)

**Merkmale** Etwa krähengroße, schlanke Eule (viel schlanker als Waldkauz) mit langen, aufrichtbaren Federohren und orangefarbenen Augen, an denen man sie auch dann erkennt, wenn ihre Federohren angelegt sind. **Vorkommen** Brütet in kleinen Feldgehölzen oder am Waldrand, jagt in offener Landschaft. **Lebensweise** Waldohreulen bauen keine eigenen Nester, sondern brüten in ehemaligen Krähen- und Elsternestern, aber auch in verlassenen Nestern von Greifvögeln, Tauben und in Eichhörnchenkobeln. Leben fast ausschließlich von Feldmäusen. **Wissenswertes** Waldohreulen sind stark vom Angebot an Feldmäusen abhängig. In schlechten Mäusejahren brüten sie erst gar nicht. In kalten Wintern erregen oftmals ganze Trupps von Waldohreulen in Städten Aufsehen. Hier ist das Angebot an Nahrung besser als auf dem Land.

## Uhu

> größte Eule der Welt
> ruft laut seinen Namen: »U-hu«
> häufig ausgewilderte Vögel

*Bubo bubo* (Mitte)

**Merkmale** Fast so groß wie ein Adler, massiger Körper mit dickem Kopf, großen orangegelben Augen und langen Federohren. **Vorkommen** Bedrohte Eule. Hauptsächlich Brutvogel in den Alpen und im Mittelgebirge, durch Aussetzen gezüchteter Vögel auch wieder kleine Bestände im Flachland. **Lebensweise** Jagt überwiegend nachts, erbeutet häufig Igel, Ratten und Vögel bis Entengröße, kann sogar Hasen fangen. Brütet in Felswänden, Wäldern und Kiesgruben. Sein Brutgeschäft beginnt frühzeitig im Jahr, bereits im Februar oder März. **Wissenswertes** Durch starke Bejagung wurde der Uhu in weiten Landesteilen ausgerottet. Viele der heute bei uns brütenden Paare sind ausgewilderte Vögel. Dass die Wiederansiedlung gelang, zeigt, dass der Lebensraum für die bedrohte Eule noch existiert. Für den Menschen ist diese große Eule nicht gefährlich.

## Waldkauz

> unheimliches »huuu huhu-hu-huh«
> brütet in Höhlen
> am Brutplatz aggressiv

*Strix aluco* (unten links und rechts)

**Merkmale** Gedrungene, kompakte Eule, größer als eine Krähe. Mit großem, rundem Kopf und – im Unterschied zur Waldohreule – schwarzen Augen. Ihr nächtlich vorgetragener Reviergesang wird vielfach in Kriminalfilmen eingesetzt, denn er klingt so schön schauerlich. **Vorkommen** In Wäldern, Parks und auf Friedhöfen häufig. **Lebensweise** Das Weibchen legt seine Eier in Baumhöhlen, aber auch auf Dachböden, in Nistkästen oder alte Krähennester. Waldkäuze jagen oft von Sitzwarten aus, unternehmen aber auch Suchflüge, plündern Nester und fischen. Am liebsten fressen sie Mäuse, aber auch Kleinvögel oder Frösche. **Wissenswertes** Der Waldkauz ist in Bezug auf seine Jagdtechnik, Beute und Neststand unsere vielseitigste und anpassungsfähigste Eule.

## Schwarzspecht

- größter europäischer Specht
- ruft weit schallend »kli-öööhhh«
- lange Trommelwirbel

*Dryocopus martius* (oben links)

**Merkmale** Knapp krähengroß, schwarz, kräftiger, heller Schnabel, rote Kopfkappe. **Vorkommen** In Wäldern mit alten Bäumen. **Lebensweise** Zimmert Bruthöhlen z. B. in mindestens 80–100jährige Buchen. Sucht seine Nahrung in Mischwäldern mit vermodernden Bäumen und Totholz. Hackt mit seinem Schnabel holzbewohnende Insekten und Larven heraus. **Wissenswertes** Die rote Kappe reicht beim Männchen von der Stirn bis zum Scheitel, ist beim Weibchen aber nur am Hinterkopf.

## Buntspecht

- häufigster Specht Europas
- im Winter am Futterhaus
- zimmert Baumhöhlen

*Dendrocopus major* (oben rechts)

**Merkmale** Etwa amselgroß, schwarz-weiß. Männchen mit rotem Fleck am Kopf. **Vorkommen** Häufiger Brutvogel in allen Wäldern, auch in Parks und Gärten. **Lebensweise** Unser vielseitigster Specht. Frisst bevorzugt holzbewohnende Käfer und Schmetterlingslarven, aber auch Eier und Jungvögel und im Winter Samen von Kiefern und Fichten. Regelmäßiger Gast am Futterhaus. Brütet in selbst gezimmerten Baumhöhlen. **Wissenswertes** Trommelt ausgiebig an guten Resonanzböden.

## Zaunkönig

- klein, aber laut
- huscht wie eine Maus
- knickst häufig

*Troglodytes troglodytes* (Mitte links)

**Merkmale** Rundlicher, brauner Winzling, viel kleiner als Spatz, stelzt häufig mit dem Schwanz. Selbst mitten im Winter hört man oft seinen lang anhaltenden, lauthals schmetternden Gesang. **Vorkommen** In Wäldern, Hecken, Parks und Gärten mit Dickichten und Schlupfwinkeln. **Lebensweise** Baut kunstvolle, kugelige und dickwandige Nester an Baumwurzeln, aber auch an kuriosen Halbhöhlen wie Blechdosen. **Wissenswertes** Einzelne Zaunkönige verbringen den Winter bei uns. Sie übernachten gern an Häusern oder in Schuppen und kommen tagsüber an Futterplätze.

## Rotkehlchen

- Gesicht und Brust orangerot
- feierlicher Gesang in der Dämmerung
- im Winter gerne am Futterhäuschen

*Erithacus rubecula* (Mitte rechts und unten)

**Merkmale** Etwas kleiner als ein Spatz, rundlich, Gesicht und Brust orangerot. Singt (sehr) früh und abends. **Vorkommen** Häufiger Brutvogel in Wäldern, Gebüschen, Parks und Gärten mit reichlich Unterwuchs. **Lebensweise** Sucht auf dem Boden nach Insekten, Würmern und Schnecken, frisst im Herbst und Winter Beeren. Baut tiefe Napfnester, gern in Baumhöhlungen oder in dichtem Pflanzenwuchs. **Wissenswertes** Ein Teil der Rotkehlchen zieht im Herbst in den Mittelmeerraum, die Überwinterer halten sich in Parks und Gärten auf.

## Nachtigall

*Luscinia megarhynchos* (oben links)

- »Es war die Nachtigall …«
- singt nachts
- überwintert in Afrika

**Merkmale** Größer als ein Spatz, braun mit rostrotem Schwanz. Nächtlicher, schluchzender Gesang mit klaren Flötenstrophen. **Vorkommen** Brütet in buschreichen Wäldern, Parks und Gärten. **Lebensweise** Lebt sehr versteckt. Frisst Insekten und Beerenfrüchte. **Wissenswertes** Ist berühmt seit Shakespeare's Romeo und Julia, wo sie tragischerweise mit der Lerche verwechselt wird (»Es war die Nachtigall und nicht die Lerche!«). Allerdings singen die meisten Nachtigallen in der Morgen- und Abenddämmerung – nur wer noch kein Weibchen hat, der muss auch nachts noch singen.

## Amsel

*Turdus merula* (oben rechts)

- »Schwarzdrossel«
- orgelt und flötet
- im Winter am Futterhaus

**Merkmale** Männchen schwarz mit gelbem Schnabel, Weibchen braun mit Flecken. Wohlklingender, flötender Gesang. **Vorkommen** Häufiger Brutvogel in Wäldern, auch in Gärten, Parks und Städten. **Lebensweise** Amseln bauen ihre Nester auf Bäumen, in Büschen und Hecken. Am liebsten fressen sie Regenwürmer, zu ihrem Speiseplan zählen aber auch Käfer, Schnecken, Tausendfüßer und Spinnen. Im Herbst steigen sie auf Früchte um. **Wissenswertes** Amseln sind ursprünglich in Wäldern zu Hause, haben sich aber nach und nach dem Menschen angeschlossen.

## Singdrossel

*Turdus philomelos* (unten links)

- singt alles zwei- bis dreimal
- gepunkteter Bauch
- typisch: Drosselschmieden

**Merkmale** Beide Geschlechter olivbraun mit gepunktetem Bauch. Singt lautstark in der Dämmerung, wiederholt dabei die meisten Elemente mehrmals, das klingt dann wie: »Kuhdieb, Kuhdieb!« **Vorkommen** In lichten Wäldern, Parks und Gärten mit Büschen und Bäumen. **Lebensweise** Baut aufwändiges Nest aus Zweigen, Gras und feuchter Erde. Pickt am Boden nach Würmern, anderen Bodentieren und Schnecken. **Wissenswertes** Zu ihren Lieblingsspeisen zählen Gehäuseschnecken: Die packt sie mit dem Schnabel und schlägt sie gegen eine harte Unterlage wie einen Stein (»Drosselschmiede«).

## Trauerschnäpper

*Ficedula hypoleuca* (unten rechts)

- fängt Insekten im Flug
- brütet in Höhlen und Nistkästen
- überwintert im tropischen Afrika

**Merkmale** Kleiner als ein Spatz, schwarz und weiß mit feinem Schnabel. **Vorkommen** Verbreiteter Brutvogel in lichten Wäldern, Gärten und Parks. **Lebensweise** Sitzt ruhig auf einer Warte, meist zwischen Blättern auf Ästen, und erbeutet von hier aus überfallartig fliegende Insekten wie Mücken, Fliegen und Schmetterlinge. Brütet in natürlichen Baumhöhlen oder in Nistkästen. **Wissenswertes** Trauerschnäpper kommen nur da vor, wo es geeignete Bruthöhlen gibt.

## Waldlaubsänger

*Phylloscopus sibilatrix* (oben)

> typisch in Buchenwäldern
> auffällige Balzflüge
> gelber Überaugenstreif

**Merkmale** Etwas kleiner als ein Hausspatz, olivgrün und gelb mit weißem Bauch und feinem Schnabel. **Vorkommen** In Laub- und Mischwäldern, vor allem in Buchenhochwäldern. **Lebensweise** Auf Nahrungssuche fliegt der Waldlaubsänger hoch oben in die Baumkronen, hier scheucht er Insekten und Spinnen auf. Leichter der Beobachtung zugänglich sind seine Revierflüge: Zunächst trägt er seinen Gesang von wechselnden Punkten aus vor, um schließlich in Bogen und Schleifen um die Baumstämme herumzufliegen. Findet sich ein Weibchen ein, balzt der Brautwerber in hüpfenden Flügen vor der Angebeteten.

## Zilpzalp

*Phylloscopus collybita* (Mitte)

> ruft seinen Namen
> »Backofennest«
> Nestbau ist hier Frauensache

**Merkmale** Deutlich kleiner als ein Spatz, olivbraunes, rundliches, unruhiges Vögelchen. **Vorkommen** Häufiger Brutvogel in Mischwäldern, Parks und Gärten. **Lebensweise** Sucht ständig Blätter nach Insekten und Spinnen ab. Das Männchen singt sein »zalp zalp zilp zalp zalp« gern von erhöhten Zweigen herab. Derweil fliegt das Weibchen 1200–1500 Mal hin und her, um Halme und Moos für das kugelige Nest herzuschaffen. **Wissenswertes** Schlägt beim Umherhüpfen ständig mit dem Schwanz.

## Mönchsgrasmücke

*Sylvia atricapilla* (unten links)

> baut Spielnester
> nie ohne Kappe
> singt auch zur Mittagszeit

**Merkmale** Kleiner und zierlicher als Spatz. Typisch ist die Kappe: Beim Männchen ist sie schwarz, beim Weibchen rotbraun. **Vorkommen** Sehr anpassungsfähiger, häufiger Brutvogel in Wäldern, Hecken, Parks, Gärten und Städten. **Lebensweise** Frisst Insekten, Spinnen und Beeren. **Wissenswertes** Solange das Männchen allein ist, baut es mehrere Nester, so genannte Spielnester. So lockt es seine Auserwählte an. Hat sie sich für eins (und ihn) entschieden, muss sie mit anpacken, damit es fertig wird. Mönchsgrasmücken überwintern im Mittelmeerraum und in Nordafrika und kehren meist im April nach Mitteleuropa zurück.

## Wintergoldhähnchen

*Regulus regulus* (unten rechts)

> kleinster europäischer Vogel
> turnt in Baumwipfeln
> oft in Nadelwäldern

**Merkmale** Winzig, etwa nur halb so groß wie ein Spatz. Graugrün mit gelb-schwarz gestreiftem Scheitel. Am ehesten durch den feinen, hohen Gesang, ein auf- und absteigendes »sisisisi«, auszumachen. **Vorkommen** Verbreiteter Brutvogel vor allem in Nadelwäldern. **Lebensweise** Turnt meist hoch oben im Geäst, wobei er Blattläuse von den Blättern absammelt. Baut ein Nest aus Spinnweben, Moos und Federn. **Wissenswertes** Im Winter oft mit Meisen am Futterhäuschen.

## Haubenmeise

*Parus cristatus* (oben links)

> zimmert eigene Bruthöhle
> trägt eine Haube
> ruft »zi gürrr«

**Merkmale** Größe wie Blaumeise, schwarz-weiß gezeichneter Kopf mit spitzer Federhaube. **Vorkommen** Häufiger Brutvogel in Nadelwäldern, aber auch in Parks und Gärten. **Lebensweise** Kommt nur da vor, wo sie das ganze Jahr Deckung in immergrünen (Nadel-)Bäumen findet. Hackt Bruthöhlen in morsches Holz oder Baumstubben. Frisst Insekten und Samen von Nadelbäumen. Legt Nahrungsvorräte zwischen Zweigen und Nadeln an. **Wissenswertes** Im Winter seltener am Futterhaus als andere Meisen, wesentlich scheuer.

## Tannenmeise

*Parus ater* (oben rechts)

> leuchtend weißer Fleck im Nacken
> kleinste Meise Europas
> Höhlenbrüter

**Merkmale** Kleiner als Blaumeise. Schwarzer Kopf mit weißem Nackenfleck und weißen Wangen. **Vorkommen** Hauptsächlich in Fichten- und Tannenwäldern, auch in Mischwäldern und Parks. **Lebensweise** Tannenmeisen hüpfen und flattern auf der Suche nach Insekten und Spinnen durch die dicht benadelten Äste. Im Winter sieht man sie an Fichtenzapfen hängend die Samen herauspicken. Sie bauen ihr Nest in bereits vorhandene Baumhöhlen, in ausgefaulte Wurzelstubben oder in Erdlöcher.

## Blaumeise

*Parus caeruleus* (Mitte)

> unser einziger blaugelber Vogel
> im Winter an Meisenringen
> turnt an Zweigen

**Merkmale** Kleiner als Spatz, rund und gedrungen mit kurzem Schnabel. Typisch ist ihr blau-gelbes Gefieder, es ist beim Weibchen nicht ganz so leuchtend wie beim Männchen. **Vorkommen** Lichte Wälder, Parks, Hecken und Gärten mit Höhlen. **Lebensweise** Turnt an kleinen Zweigen, pickt kleine Insekten wie Blatt- und Schildläuse und Spinnen auf. Im Herbst stehen Beeren und Sämereien auf ihrem vielseitigen Speiseplan. **Wissenswertes** Durch Nistkästen und Winterfütterungen konnte sich die Blaumeise bei uns stark vermehren.

## Kohlmeise

*Parus major* (unten)

> singt meisentypisches »zi zi bääh«
> wird oft handzahm
> plustert sich bei Kälte auf

**Merkmale** Unsere größte und häufigste Meise, etwas kleiner als ein Spatz. Typischer schwarz-weißer Kopf, gelber Bauch, das Männchen ist leicht an seinem breiteren schwarzen Bauchstreifen zu erkennen. **Vorkommen** Ganzjährig in lichten Wäldern, Parks und Gärten. Von der Meeresküste bis an die Baumgrenze in den Gebirgen. **Lebensweise** Zur Nahrungssuche (Raupen und andere Insekten) an Baumstämmen und am Boden. Brütet in Baumhöhlen, in Mauerritzen und Nistkästen. **Wissenswertes** Konkurriert mit der Blaumeise um Nistkästen, deren Einflugöffnungen sie mit dem Schnabel größer pickt.

## Kleiber

> kopfüber an Stämmen
> »Spechtschnabel«
> klebt Höhlen zu

*Sitta europaea* (oben links)

**Merkmale** Spatzengroß mit spechtartigem Schnabel, gedrungenem Körper und kurzem Schwanz. Mit grauem Rücken, orangefarbenem Bauch und schwarzem Augenstreif. Weibchen etwas blasser. **Vorkommen** Häufig in Wäldern, Parks und Gärten. **Lebensweise** Pickt Insekten aus der Rinde von Baumstämmen. **Wissenswertes** »Kleiber« bedeutet »Kleber«, denn die Weibchen kleben Bruthöhlen mit Lehmklümpchen so weit zu, dass gerade noch sie selbst hineinpassen (kein größerer Vogel oder Eierräuber).

## Waldbaumläufer

> sehr klein
> klettert an Baumstämmen
> im Winter an Futterstellen

*Certhia familiaris* (oben rechts)

**Merkmale** Kleiner als ein Spatz, typisch sind das rindenfarbige Gefieder und der feine, gebogene Schnabel. **Vorkommen** Brütet hauptsächlich in Nadelwäldern. **Lebensweise** Klettert senkrecht an Baumstämmen hoch, erbeutet dabei kleine Insekten und Spinnen. Das Nest aus Pflanzenmaterial wird in Spalten, hinter Rinde oder in Höhlen versteckt. **Wissenswertes** Nah verwandt ist der Gartenbaumläufer. Er brütet häufig in Mischwäldern, Parks und in Gärten mit alten Bäumen.

## Pirol

> typische gelbschwarze Färbung
> wellenförmiger Flug
> »düdlio«-Rufe

*Oriolus oriolus* (Mitte und unten links)

**Merkmale** Etwa amselgroß, kräftiger Schnabel, Männchen (Mitte) leuchtend gelb und schwarz, Weibchen (unten links) und Jungvögel grünlich gelb. Scheu und daher trotz auffälliger Färbung leicht zu übersehen. Eher anhand ihrer flötenden »düdlio«-Rufe auszumachen. **Vorkommen** Hauptsächlich in sonnigen, aber feuchten Laubwäldern und Auwäldern. **Lebensweise** Verborgen in laubreichen Baumkronen, das kunstvolle Napfnest hängt meist in Astgabeln. Futtersuche in dichtem Laub, vor allem Raupen und Früchte. **Wissenswertes** Mit der Zerstörung alter Laubwälder und Auenlandschaften ist der Pirol bei uns selten geworden.

## Elster

> extrem langer Schwanz
> baut große Reisignester
> ist kein Dieb

*Pica pica* (unten rechts)

**Merkmale** Etwas kleiner als eine Krähe, auffällig schwarz-weiß mit sehr langem Schwanz. **Vorkommen** Offene Kulturlandschaft mit Büschen und Bäumen, Gärten. **Lebensweise** Männchen und Weibchen leben in Dauerehe. Sie bauen gemeinsam große Baumnester aus Reisig, häufig weit oben in der Baumkrone. Allesfresser: Insekten, Schnecken, Eier, Jungvögel, Aas, Abfälle. **Wissenswertes** Verlassene Elsternester werden gern von Waldohreulen und Turmfalken bezogen, die selbst keine Nester bauen. Noch konnte nicht bewiesen werden, dass Elstern glitzernde Gegenstände stehlen.

## Eichelhäher

> bunter Rabe
> pflanzt neue Wälder
> blauweiße Flügelabzeichen

*Garrulus glandarius* (oben)

**Merkmale** Etwas kleiner als eine Krähe. Rötlich braun gefärbt mit blauweißen Flügelabzeichen, die wie der weiße Rückenfleck im Flug auffallen. **Vorkommen** In Wäldern und Feldgehölzen mit Eichen. **Lebensweise** Frisst Eicheln und andere Früchte, Insekten, Eier und Jungvögel. Brütet auf Bäumen und Büschen. **Wissenswertes** Im Herbst sieht man Eichelhäher zwischen Eichen und einem nahen Waldstück hin- und herfliegen, den Kehlsack prall gefüllt mit bis zu zwölf Eicheln. Ein einziger Vogel versteckt so jedes Jahr mehrere zehntausend Eicheln als Wintervorrat – diejenigen, die er davon nicht wiederfindet, keimen zu neuen Nahrungsbäumen heran.

## Tannenhäher

> pflanzt Kiefernwälder
> ruft »grrääh«
> im Herbst in Tälern und Gärten

*Nucifraga caryocatactes* (Mitte)

**Merkmale** Kleiner als eine Krähe, dunkelbraun mit weißen Punkten. **Vorkommen** In Mittel- und Hochgebirgen bis zur Waldgrenze. Brutvogel in Nadelwäldern. **Lebensweise** Ernährt sich hauptsächlich von Baumsamen und Früchten, im Sommer auch von Insekten oder Aas. **Wissenswertes** Der Tannenhäher ist von großer Bedeutung für die Forstwirtschaft. So entstehen rund 80% des Jungwuchses in Zirbel-Kiefernwäldern dadurch, dass Tannenhäher nur einen Teil ihrer Wintervorräte an Zirbelnüsschen wiederfinden!

## Rabenkrähe

> lebt paarweise
> im Winter in großen Scharen unterwegs
> ruft laut »kraahh«

*Corvus corone corone* (unten links)

**Merkmale** Schwarz mit kräftigem schwarzen Schnabel. **Vorkommen** In Kulturland mit Siedlungen, Dörfern und Bäumen. **Lebensweise** Lebt paarweise in großem Revier. Baut ihr großes Nest meist in Baumkronen am Waldrand, in Alleen und Parks. Zur Nahrungssuche auf Äckern und Wiesen. Frisst Insekten, Würmer, Mäuse, Eier, Jungvögel, Früchte und Abfälle. **Wissenswertes** Mit der Nebelkrähe *(Corvus corone cornix)* wird sie zu einer Art, der Aaskrähe *(Corvus corone)*, zusammengefasst. In Deutschland kommt die hellgrau und schwarz gefärbte Nebelkrähe nur im Nordosten vor.

## Kolkrabe

> Flugruf tief »kork«
> akrobatische Flugspiele
> heute wieder häufiger

*Corvus corax* (unten rechts)

**Merkmale** Mächtiger Krähenvogel, größer als ein Bussard. Glänzend schwarz mit kräftigem Schnabel. Segelt wie ein Greifvogel, der keilförmige Schwanz ist dann ein wichtiges Erkennungsmerkmal. **Vorkommen** Im Tiefland in Wäldern und in felsigen Gebirgslandschaften. **Lebensweise** Brütet auf hohen Bäumen oder in Felswänden. Frisst hauptsächlich Aas, schlägt aber auch in Gemeinschaftsjagden junge Hasen und Rehe. Zur Nahrungssuche auch auf Müllkippen.

## Buchfink

> unser häufigster Fink
> »Zi zi würzgebier«
> in Trupps am Futterhaus

*Fringilla coelebs* (oben links und rechts)

**Merkmale** Spatzengroß mit kräftigem Finkenschnabel, das Männchen (links) zimtbraun mit grauem Kopf, das Weibchen (rechts) schlicht olivgrau. Im Flug zwei weiße Binden auf jedem Flügel. **Vorkommen** Überall, wo es Bäume gibt; einer unserer häufigsten Brutvögel. **Lebensweise** Buchfinken sieht man zur Nahrungssuche am Boden herumlaufen, hier picken sie Samen auf, zur Brutzeit aber auch Insekten. **Wissenswertes** Seinen Gesang hat schon jeder gehört: Er besteht aus einer schmetternden Strophe abfallender Tonhöhe und klingt wie »zi zi zizizizi würzgebier«.

## Kernbeißer

> »Kirschkernbeißer«
> versteckt in Baumkronen
> im Winter am Futterhaus

*Coccothraustes coccothraustes* (Mitte links)

**Merkmale** Deutlich größer als ein Spatz. Braunrot mit grauem Nacken. Typisch sind der dicke Kopf und der schon aus der Ferne augenfällige, massige Schnabel. **Vorkommen** Brütet in Buchenwäldern, Parks und größeren Gärten mit hohen Bäumen. **Lebensweise** Kernbeißer leben versteckt hoch oben in Baumkronen und verraten sich am ehesten durch ihre scharfen »zick«-Rufe. Sie fressen Früchte und hartschalige Samen, im Frühjahr auch Knospen. **Wissenswertes** Mit ihren kräftigen Schnäbeln knacken sie sogar die Samen von Steinobst (»Kirschkernbeißer«).

## Erlenzeisig

> liebt Erlensamen
> im Winter in Schwärmen
> kommt auch ans Futterhäuschen

*Carduelis spinus* (Mitte rechts)

**Merkmale** Kleiner als Spatz. Gelblich-grünliche Grundfärbung. Männchen am Scheitel und Kinn schwarz. **Vorkommen** Lichte Nadel- und Mischwälder. **Lebensweise** Die Nahrung der Erlenzeisige besteht aus verschiedenen Sämereien, zur Brutzeit angereichert mit Insekten. Die Weibchen bauen ihre Nester meist weit oben in Nadelbäumen. **Wissenswertes** Außerhalb der Brutzeit bilden Erlenzeisige meist größere Trupps, die insbesondere in Erlen- und Birkenbeständen auf Nahrungssuche gehen.

## Gimpel

> lässt sich mit Pfiffen locken
> »Dompfaff«
> lebt versteckt

*Pyrrhola pyrrhola* (unten links und rechts)

**Merkmale** So groß wie ein Spatz, aber plumper. Kurzer, dicker Schnabel, schwarze Kopfkappe. Männchen (links) unten leuchtend rot, Weibchen (rechts) braun. Pfeift sanft »düüüüüe«. **Vorkommen** In Wäldern, Parks, auf Friedhöfen und in Gärten. **Lebensweise** Nest gut versteckt im Gebüsch. Weibchen brütet allein, wird dann vom Männchen gefüttert. **Wissenswertes** Gimpel sind in der Brutzeit recht heimliche Vögel, die trotz ihrer auffälligen Färbung leicht zu übersehen sind. Lassen sich mit ihren leicht nachzuahmenden Pfiffen anlocken.

## Waldeidechse

> › Rücken kastanienbraun
> › auch in kühleren Regionen
> › gebärt lebende Junge

*Lacerta vivipara* (oben)

**Merkmale** Zierliche, nur bis zu 16 cm lange Eidechse mit bräunlichem Rücken und dunkleren Flanken, verschiedenen Streifen- und Punktzeichnungen. Bauch gelblich. **Vorkommen** In Wäldern, Mooren und Heiden, Steinbrüchen; im Gebirge bis zu 3000 m Höhe. **Lebensweise** Waldeidechsen sind die häufigsten und am weitesten verbreiteten Eidechsen unserer Breiten. Insbesondere in den Morgenstunden kann man sie recht gut auf Holz oder Steinen beim Sonnenbad entdecken. Sie ernähren sich von Insekten, Würmern und Spinnen. Je nach den klimatischen Bedingungen im jeweiligen Lebensraum halten sie von Oktober bis März eine Winterruhe. **Wissenswertes** Waldeidechsen legen im Gegensatz zu den meisten anderen Reptilienarten keine Eier, sondern bringen nach einer Tragzeit von etwa drei Monaten fertig entwickelte Jungeidechsen zur Welt.

## Blindschleiche

> › keine Schlange
> › harmlos und ungiftig
> › frisst Nacktschnecken

*Anguis fragilis* (Mitte)

**Merkmale** Bis zu 45 cm lang, bräunlich, Weibchen und Jungtiere oft mit schwarzem Streifen auf dem Rücken. Keine Schlange, sondern eher eine Echse ohne »Arme« und Beine. **Vorkommen** In lichten Wäldern, an Waldrändern und auf Waldlichtungen. **Lebensweise** Blindschleichen sind hauptsächlich nachts aktiv und kriechen zur Dämmerung aus ihren feuchten Verstecken unter morschen Baumstümpfen, Steinen und ähnlichem hervor. Sie jagen Nacktschnecken, Würmer und Spinnen. Von Oktober bis März halten sie eine Winterruhe. Die Tiere paaren sich im Frühjahr. Etwa drei Monate später legen die Weibchen zwischen fünf und 15 Eier, aus denen kurz darauf die kontrastreich gestreiften Jungtiere schlüpfen. **Wissenwertes** Wie echte Eidechsen können Blindschleichen bei Gefahr ihren Schwanz abwerfen, um dann den Rest ihres Körpers in Sicherheit zu bringen. Der Schwanz wächst zum Teil wieder nach.

## Feuersalamander

> › lebt an Land
> › Hautgifte
> › unverwechselbar gelb-schwarz

*Salamandra salamandra* (unten)

**Merkmale** Bis zu 20 cm langer, plumper Salamander mit gelb-schwarzer Fleckenzeichnung. **Vorkommen** In feuchten Laubwäldern mit klaren Bächen oder Rinnsalen. **Lebensweise** Versteckt sich tagsüber unter Baumwurzeln, Falllaub oder in Felsspalten. Jagt in der Dämmerung Insekten, Schnecken, Asseln und Würmer. Legt keine Eier ab, sondern die Jungtiere entwickeln sich im Mutterleib, bis sie etwa 3,5 cm lang sind. Diese Larven werden in kühle, sauerstoffreiche Gewässer abgelegt. Nach vier Monaten sind sie ausgewachsen und gehen an Land. Den Winter verbringen Feuersalamander in frostfreien Verstecken unter Baumwurzeln oder in Felsspalten. **Wissenswertes** Nach Kontakt unbedingt Hände waschen. Die Haut enthält Gifte, die brennen, wenn sie in die Augen gelangen!

## Waldschabe

*Ectobius lapponicus* (oben)

> tagaktiv und wärmeliebend
> nur Männchen fliegen
> mit Küchenschaben verwandt

**Merkmale** 10-15 mm lang, länglich-ovaler Umriss. Bräunlich-gelbe Flügel. Lange, fadenförmige Fühler. **Vorkommen** In und auf der Kraut- und Bodenschicht von Laub-, Misch- und Nadelwäldern. **Lebensweise** Die tagaktiven, wärmeliebenden Waldschaben ernähren sich hauptsächlich von vermodernden Pflanzenstoffen, außerdem auch von Kleintieren. **Wissenswertes** Die Männchen sind mit ihren gut ausgebildeten Hinterflügeln flugfähig, während die Weibchen nur verkümmerte Flugflügel haben und sich ausschließlich krabbelnd fortbewegen.

## Beerenwanze

*Dolycoris baccarum* (Mitte)

> saugt an Beeren
> angestochene Früchte ungenießbar
> schön gefärbt

**Merkmale** 10–12 mm lang, Körper bräunlich, Deckflügel rötlich violett. Hinterleib am Rand schwarz-weiß gemustert, Fühler schwarz-weiß geringelt. **Vorkommen** Stellenweise häufig an Waldrändern und auf Waldlichtungen. **Lebensweise** Beerenwanzen ernähren sich von Pflanzensäften, die sie mit ihrem Rüssel einsaugen. Ihr Name rührt von ihrer Vorliebe zu verschiedenen Waldfrüchten wie Blau-, Him- und Brombeeren her. **Wissenswertes** Die angestochenen Früchte sind für den Verzehr ungenießbar, da die Wanzen beim Saugen des Saftes einen übel schmeckenden Speichel einspritzen.

## Leder-Laufkäfer

*Carabus coriaceus* (unten links)

> größter heimischer Laufkäfer
> kann nicht fliegen
> geschützt

**Merkmale** 3–4 cm lang, mattschwarz. Flügeldecken lederartig gerunzelt. **Vorkommen** In Laub- und Mischwäldern. **Lebensweise** Leder-Laufkäfer sind hauptsächlich nachts aktiv, bei feuchtem Wetter aber auch tagsüber zu finden. Sowohl die kräftigen Käfer als auch deren räuberische Larven erbeuten Würmer, Schnecken und Insekten, gehen aber auch gerne an Früchte und Aas. **Wissenswertes** Die Laufkäfer zerkleinern ihre Beute nicht durch Zerkauen, sondern geben Verdauungssäfte ab, die den Körper des Opfers verflüssigen. Anschließend saugen sie die Nahrung ein.

## Hain-Laufkäfer

*Carabus nemoralis* (unten rechts)

> Greifzangen
> lange Laufbeine
> Schädlingsbekämpfer

**Merkmale** 2–3 cm langer Käfer, oben glänzend schwarzgrün bis bronzefarben, kräftige Greifzangen, lange Laufbeine (Name!). **Vorkommen** In Wäldern, aber auch in Hecken, Gärten und gelegentlich in Kellern. **Lebensweise** Krabbelt meist nachts durch die Laubstreu und räubert Raupen, Schnecken, Würmer und auch Fallobst. Hält sich am Tag unter Steinen versteckt. **Wissenswertes** Laufkäfer können schädliche Insekten wie Kartoffelkäfer reduzieren, einige Arten nutzt man zur biologischen Schädlingsbekämpfung.

## Totengräber

*Necrophorus vespilloides* (oben)

- »Leichenbestatter«
- Aaskäfer
- Flügelbinden orange

**Merkmale** Etwa 2 cm lang. Schwarz mit zwei orangeroten Querbinden auf den Flügeldecken. **Vorkommen** In Wäldern häufig, meist an Kadavern zu finden. **Lebensweise** Totengräber machen ihrem Namen Ehre: Liegt im Wald ein totes Tier wie z. B. eine Maus herum, so dauert es nicht lange, bis eine ganze Schar von ihnen, vom Verwesungsgeruch angelockt, herbeifliegt, um den Leichnam »zu beerdigen«. Sie beginnen, die Erde unter dem Kadaver wegzugraben, so dass dieser immer tiefer in die Erde sinkt. Ein weiblicher Käfer legt sodann auf ihm seine Eier ab – der vergrabene Tierleichnam dient als erste Nahrung für den Nachwuchs.

## Rothalsige Silphe

*Oeceoptoma thoracium* (Mitte)

- rotes Halsschild
- Aaskäfer
- oft an Stinkmorcheln

**Merkmale** Etwa 1,5 cm lang. Schwarz mit unverwechselbarem rötlichem Halsschild. **Vorkommen** Häufig in Laub- und Mischwäldern. **Lebensweise** Sowohl die Käfer als auch deren Larven ernähren sich von Aas, faulenden Pflanzen und Pilzen sowie von Kot. Damit kommt ihnen eine äußerst wichtige Bedeutung im Stoffkreislauf der Wälder zu. **Wissenswertes** Der Käfer wird auch vom Aasgeruch der Stinkmorcheln (s. S. 82) angelockt. Hier frisst er die schleimige, olivgrüne Masse, die die unverdaulichen Pilzsporen enthält, und verbreitet diese daraufhin per Ausscheidung.

## Siebenpunkt-Marienkäfer

*Coccinella septempunctata* (unten links)

- rot mit sieben schwarzen Punkten
- vertilgt Blattläuse
- gelegentlich in Massen

**Merkmale** Etwa 0,5 cm groß, rund, rot mit sieben schwarzen Punkten. Larve (links) lang gestreckt und blau mit gelben Flecken. **Vorkommen** Überall häufig, an Waldrändern, in Wiesen und Gärten. **Lebensweise** Marienkäfer gelten als Glücksbringer, was sie auf alle Fälle auch für Förster, Gärtner und Landwirte sind. Denn die Käfer, besonders aber ihre Larven, vertilgen Unmengen an Blattläusen und Milben. **Wissenswertes** Die hübsche Färbung des Marienkäfers soll Fressfeinde warnen. Denn als Abwehr sondert er eine gelbe, bittere Flüssigkeit ab.

## Waldmistkäfer

*Geotrupes stercorosus* (unten rechts)

- Körper gewölbt
- fliegt mit lautem Brummen durch den Wald
- Larve frisst Kot

**Merkmale** Etwa 2 cm großer, blauschwarz glänzender, rundlich gewölbter Käfer. **Vorkommen** In Wäldern. **Lebensweise** Frisst tierische Exkremente und spielt eine wichtige Rolle im Naturkreislauf. Neben die Kothaufen graben die Käfer 30–40 cm tiefe Röhren, füllen sie mit Kot und legen ein Ei hinein. Die Larve ernährt sich vom Kot, verpuppt sich darin und erscheint im nächsten Jahr als Käfer. **Wissenswertes** Fliegt an Frühlingsabenden laut brummend dicht über dem Boden auf der Suche nach Kot.

## Maikäfer

> Fühler fächerartig
> erscheint im Mai
> gefürchtet: Maikäferjahre

*Melolontha melolontha* (oben links und rechts)

**Merkmale** 2–3 cm großer, kräftiger Käfer mit kastanienbraunem Rücken, schwarzem Kopf und Hals und gefächerten Fühlern. **Vorkommen** In Wäldern und Feldern, jahrweise häufig. **Lebensweise** Gräbt sich im Mai aus dem Boden (Name!) und beginnt sofort, die Blätter verschiedener Laubbäume (Kastanie, Rotbuche, Eiche u. a.) zu fressen. Gräbt Eier in den Erdboden, die Larven (Engerlinge, siehe Foto oben rechts) fressen Pflanzenwurzeln. **Wissenswertes** Alle drei bis vier Jahre kommt es zu Massenvermehrungen (»Maikäferjahre«), in denen die Käfer Bäume komplett kahl fressen können.

## Hirschkäfer

> unser größter Käfer
> mit Zangen wie Geweihe
> braucht alte Eichenwälder

*Lucanus cervus* (Mitte links)

**Merkmale** Männchen bis 8 cm, mit mächtigen, geweihartigen Zangen am Kopf und rotbraunen Flügeldecken. Weibchen 3–5 cm, kleinere Zangen, dunkelbraun. **Vorkommen** Nur in alten Eichenwäldern mit morschen Bäumen in Mittel- und Südeuropa. **Lebensweise** Schwärmt in der Abenddämmerung brummend durch den Wald. Ritzt Bäume an und leckt Baumsäfte. Legt Eier in morsches Holz. Die Larven leben hier fünf bis acht Jahre und werden 11 cm groß! **Wissenswertes** Mit den Zangen kämpfen die Männchen um die Weibchen.

## Gemeiner Widderbock

> Zeichnung wespenähnlich
> Mimikry
> Larven im Holz

*Clytus arietis* (Mitte rechts)

**Merkmale** Etwa 1,5 cm lang. Auffallend schwarz-gelb gezeichnet. Beine rötlich braun. **Vorkommen** An sonnigen Waldrändern und Waldlichtungen. **Lebensweise** Man findet die Käfer von Mai bis Juli auf Blüten oder auf sonnig gelegenem Holz. Die Larven entwickeln sich in trockenem Holz verschiedener Laubbäume, bevorzugt Buche. **Wissenswertes** Der Widderbock ahmt mit seiner Zeichnung die für Vögel oft mit schlechten Erfahrungen verbundenen Wespen nach. So kann er seine Feinde abschrecken, obwohl er völlig harmlos ist. Derartige Nachahmungen werden als Mimikry bezeichnet.

## Zimmermannsbock

> Fühler sehr lang
> an Kiefern
> Larven unter Baumrinde

*Acanthocinus aedilis* (unten)

**Merkmale** Knapp 2 cm lang. Bräunlich gefärbt mit feiner, gräulicher Behaarung. Fühler beim Männchen fünfmal, beim Weibchen zweimal so lang wie der Körper. **Vorkommen** In Wäldern mit Kiefernbeständen. **Lebensweise** Man findet die imposanten Bockkäfer auf gefällten Kiefernstämmen und -stubben. Sie ernähren sich hauptsächlich von den Nadeln. Das Weibchen bohrt seine lange Legeröhre tief in die Rinde, um dort etwa 30–50 Eier abzulegen. Die Larven fressen sich unter der Rinde durch das Holz, wobei typische Fraßgänge entstehen. Dort verpuppen sie sich auch. Die fertigen Käfer schlüpfen im Herbst und überwintern.

## Buchdrucker (Borkenkäfer)

*Ips typographus* (oben links und rechts)

> als Forstschädlinge gefürchtet
> typische Fraßbilder unter der Rinde
> Larven madenförmig

**Merkmale** 4–5 mm lang, bräunlich mit feiner Behaarung. **Vorkommen** In Nadelwäldern, besonders mit Fichtenbeständen. **Lebensweise** Borkenkäfer zählen zu den gefürchtetsten Forstschädlingen. Ihre Holz fressenden, madenförmigen Larven hinterlassen unter der Rinde typische Fraßbilder, anhand derer die Art gut bestimmt werden kann. Namen wie Buchdrucker oder Kupferstecher haben ihren Ursprung in den hübschen Fraßmustern der Käferlarven. **Wissenswertes** In unseren Wäldern gibt es über 100 weitere, zum Teil sehr ähnliche Borkenkäfer-Arten.

## Skorpionsfliege

*Panorpa communis* (Mitte links und rechts)

> gefleckte Flügel
> Schwanz wie ein Skorpion
> sticht nicht!

**Merkmale** Etwa 2 cm groß, durchsichtige Flügel mit dunklen Adern und Flecken. Das Gesicht ist in einen Rüssel verlängert und am Hinterleib des Männchens (links) prangt ein Stachel, der an den von Skorpionen erinnert. **Vorkommen** In feuchten Laubwäldern, Parks und Gärten. **Lebensweise** Frisst tote Kleintiere, die er auch aus Spinnennetzen stiehlt, sowie verrottende Pflanzen und Früchte. **Wissenswertes** Der Stachel dient nicht zum Stechen. Er ist eine Zange, mit der das Männchen das Weibchen (rechts) bei der Paarung festhält.

## Rote Waldameise

*Formica rufa* (unten links)

> baut Hügel
> verspritzt Säure
> Schädlingsbekämpfer

**Merkmale** Etwa 1 cm groß, rot und schwarz gefärbt. Auffälliger als die Ameise sind ihre Nester. Das sind bis über 1 m hohe Erdhügel, die oben mit Fichtennadeln bedeckt sind. **Vorkommen** Häufig in Nadelwäldern. Nester meist an sonnigen Waldrändern. **Lebensweise** In einem Nest lebt ein ganzes Ameisenvolk aus bis zu 100 000 Tieren. Sie gehen gemeinsam auf Jagd und können so auch größere Tiere erlegen, z. B. Heuschrecken und Käfer. **Wissenswertes** Zur Verteidigung verspritzen sie Ameisensäure, die auf der Haut brennt.

## Riesen-Holzschlupfwespe

*Rhyssa persuasoria* (unten rechts)

> »nützlich«, da »Schädlings«-Bekämpfer
> Legebohrer lang
> für Menschen völlig harmlos

**Merkmale** 2–3 cm lang. Körper schwarz mit weißen Zeichnungen. Weibchen mit mehr als körperlangem Legebohrer. **Vorkommen** In Nadelwäldern. **Lebensweise** Die weiblichen Schlupfwespen sind in der Lage, die im Holz lebenden Larven von Holzwespen zielsicher aufzuspüren. Mit ihrem langen Legebohrer stechen sie diese bis in eine Tiefe von 3 cm an, lähmen sie und deponieren ein Ei an ihnen: Die eigene Larve ernährt sich sodann von der konservierten Holzwespenlarve. **Wissenswertes** Da die Larven der Holzwespen der Forstwirtschaft einen gewissen Schaden zufügen, ist die Schlupfwespe als natürlicher Feind gern gesehen und wird als Nützling eingestuft.

## Langhornmotte

- mottenähnlich
- Männchen mit sehr langen Fühlern
- Raupen mit Köcher

*Nemophora degeerella* (oben links)

**Merkmale** Etwa 1 cm lang. Goldglänzende Vorderflügel mit gelber Querbinde. Fühler der Männchen 3-4mal länger als der Körper. **Vorkommen** An sonnigen Waldrändern und -lichtungen. **Lebensweise** Von Mai bis Juli sieht man die Männchen im Sonnenschein in Schwärmen vor Bäumen und Sträuchern auf- und abtanzen. Sobald ein Weibchen sich nähert, wird es von einem Männchen zur Paarung ergriffen. Die Raupen fressen zunächst in den Blättern verschiedener Waldkräuter: Dieses Verhalten heißt minieren (s. S. 87). Ältere Raupen leben in einem selbst gebauten Köcher aus Pflanzenteilen.

## Nagelfleck

- auffällige Augenflecke
- Raupe frisst Buchenblätter
- geschützt

*Aglia tau* (oben rechts)

**Merkmale** Flügel orangebraun mit je einem schwarz gesäumten, violetten Augenfleck. **Vorkommen** In Laub- und Mischwäldern mit Buchenbeständen. **Lebensweise** Die Flugzeit dieser Art beginnt bereits Ende März und endet im Juni. Insbesondere die männlichen Tiere kann man tagsüber im auffälligen Zickzackflug dicht über dem Boden beobachten. Die Raupen ernähren sich hauptsächlich von Buchenblättern, seltener von Eichen-, Birken- und Weidenblättern. **Wissenswertes** Mit ihren relativ großen geweihartigen und rot-weiß geringelten Fortsätzen sieht die Jungraupe recht bizarr aus.

## Waldbrettspiel

- Zeichnung eines Brettspiels
- Männchen mit Revier
- Raupe an Gräsern

*Pararge aegeria* (Mitte und unten links)

**Merkmale** Flügeloberseite dunkelbraun mit typischer weißlicher Fleckenzeichnung und gelb umrandeten Augenflecken am Flügelrand. Hinterflügel zackig gewellt. **Vorkommen** Häufig in lichten Wäldern, an Waldrändern und auf Waldlichtungen. **Lebensweise** Das Männchen sitzt im Halbschatten auf Blättern, verteidigt hier ein Revier gegen Konkurrenten und wartet auf vorbeikommende Weibchen. Die Falter saugen nicht nur an Blüten, sondern häufig an Baumsäften und reifen Früchten. Die hellgrün gefärbte Raupe frisst an verschiedenen Waldgräsern.

## Kaisermantel

- »schön wie des Kaisers Mantel«
- Hochzeitstänze
- an blütenreichen Waldrändern

*Argynnis paphia* (unten rechts)

**Merkmale** 3,5–4 cm groß und auffallend orange mit schwarzen Punkten und Flecken. **Vorkommen** Auf Waldwiesen, Waldwegen und Lichtungen. **Lebensweise** Die Falter saugen Nektar an den Blüten von Brombeeren, Wasserdost und Disteln, die Weibchen legen ihre Eier an Baumrinde ab. Die Raupen schlüpfen erst nach dem Winter, sie fressen an Veilchen und Himbeeren. Flugzeit Juli und August. **Wissenswertes** Auf sonnigen Waldlichtungen lassen sich die flatterhaften Balztänze beobachten. Dabei wird das Weibchen immer wieder vom Männchen unter- und überflogen.

## Rote Wegschnecke

- häufige »Nacktschnecke«
- bringt Gärtner zur Verzweiflung
- zäher Körperschleim

*Arion ater* (oben links und rechts)

**Merkmale** Bis zu 15 cm lange Schnecke ohne Gehäuse (»Nacktschnecke«). Färbung von Ziegelrot über Braun bis Schwarz. **Vorkommen** Sehr häufig und weit verbreitet, von Wäldern bis zu kleinsten Gärten überall. **Lebensweise** Kriecht besonders nach Regen überall auf Wegen, an Waldrändern, Hecken und in Gärten. Frisst Pflanzen, Abfälle, Aas und Kot. Legt kugelige, weiße Eier (rechts) in kleine Erdlöcher. **Wissenswertes** Frostarme Winter und feuchtwarme Sommer lassen den Bestand förmlich explodieren!

## Hain-Bänderschnecke

- spiralig gestreift
- frisst frisches Grün
- in Gärten häufig

*Cepaea nemoralis* (Mitte links)

**Merkmale** Kugelige, etwa 2 cm große, gelbliche, rosafarbene bis dunkelbraune Gehäuse mit spiraligen Bändern (Name!). **Vorkommen** Häufig in Gärten, Parks und auf Bahndämmen. **Lebensweise** Von Oktober bis Mai hält sie Winterruhe, dabei verschließt sie ihr Gehäuse mit einem Kalkdeckel. Erst wenn wieder saftiges Grün sprießt, futtert sich die Pflanzen fressende Schnecke durch Gärten, Parks und Wälder. **Wissenswertes** Hain-Bänderschnecken können so unterschiedlich gefärbt sein, dass man kaum glauben mag, es mit ein und derselben Art zu tun zu haben. Einigen fehlt sogar die Bänderung.

## Schließmundschnecke

- spindelförmiges Gehäuse
- Gehäuse mit »Schwingtür«
- oft an Baumstämmen

*Cochlodina laminata* (Mitte rechts)

**Merkmale** Ca. 1,5 cm langes, häufig gewundenes, spindelförmiges Gehäuse. Familie *Clausiliidae* mit weiteren ähnlichen Arten. **Vorkommen** Häufig in Laub- und Mischwäldern. **Lebensweise** Schließmundschnecken leben an Baumstämmen, besonders gerne an Buchen, aber auch an bemoosten Felsen, unter moderndem Holz oder in der Bodenstreu. Sie ernähren sich von Pflanzen sowie von Algen- und Pilzaufwuchs. **Wissenswertes** Die Schnecken können ihr Gehäuse mit einer Kalkplatte verschließen, die an einem elastischen Stiel hängt. Kriecht die Schnecke aus dem Haus, drückt sie die Tür von innen auf – zieht sie sich in ihr Haus zurück, federt die Tür von alleine wieder zu.

## Mauerassel

- gehört zu den Krebsen
- mag es feucht
- lebt versteckt

*Oniscus asellus* (unten)

**Merkmale** Ovaler, stark abgeflachter, etwa 15–18 mm langer Körper. Dunkelbraun mit hellen Flecken. **Vorkommen** Häufig unter Steinen, moderndem Holz oder der Rinde abgestorbener Bäume. **Lebensweise** Mauerasseln ernähren sich hauptsächlich von verrottenden Pflanzen und erfüllen damit eine wichtige Aufgabe im Stoffkreislauf der Wälder. **Wissenswertes** Asseln atmen ähnlich wie Fische mit Kiemen. Deshalb können sie nur an Orten leben, die so nass sind, dass ihre Hinterbeine feucht gehalten werden. Denn dort sind ihre Kiemen verborgen.

## Brauner Steinläufer

> nur nachts unterwegs
> unter Steinen versteckt
> kann schmerzhaft beißen!

*Lithobius forficatus* (oben links)

**Merkmale** 2–3 cm langer, rotbrauner »Hundertfüßer« mit 15 Beinpaaren und schnurförmigen Fühlern. Das letzte Beinpaar ist auffallend verlängert. Hält zwei mächtige Giftklauen unter dem Kopf verborgen. **Vorkommen** In Wäldern, Wiesen und Gärten. **Lebensweise** Hält sich tagsüber unter Laub, Steinen, Rinde oder Holz verborgen. Kriecht nachts aus seinem Versteck und geht auf Raubzüge. Mit seinen Fühlern ertastet er Asseln, Spinnen und Insekten und packt sofort mit seinen Giftklauen zu. Ein Biss, und schon ist seine Beute gelähmt und kann in Ruhe gefressen werden.

## Gerandeter Saftkugler

> bildet Kugel
> ist ein »Tausendfüßer«
> lebt versteckt

*Glomeris marginata* (oben rechts)

**Merkmale** 10–20 mm lang, asselähnliches Aussehen. Glänzend schwarz mit hellen Segmenträndern. **Vorkommen** In Laubwäldern. **Lebensweise** Saftkugler führen ein verstecktes Leben unter moderndem Holz oder in der Laubstreu und ernähren sich von verrottendem Pflanzenmaterial. Bei Gefahr rollen sie sich zu einer etwa erbsengroßen Kugel zusammen. **Wissenswertes** Im Aussehen und im Verhalten ähnlich ist die Kugel- oder Rollassel *(Armadillidium vulgare)*. Ein Unterscheidungsmerkmal sind die Beine: Saftkugler tragen unter jedem Rückenschild zwei Beinpaare verborgen, bei den Kugelasseln ist es jeweils nur eines.

## Schnurfüßer

> typischer »Tausendfüßer«
> Körper geringelt
> rollt sich zu flacher Spirale

*Schizophyllum* spec. (Mitte)

**Merkmale** 3–5 cm langer, wurmförmiger, im Querschnitt drehrunder Körper. Glänzend schwarzbraun. Körper mit über 30 Segmenten (Ringen), die jeweils zwei Beinpaare tragen. Viele ähnliche Arten. **Vorkommen** Besonders in Laubwäldern. **Lebensweise** Schnurfüßer leben in der Laubstreu, alten Baumstubben und unter moderndem Holz und Steinen. Sie fressen hauptsächlich Laub und anderes abgestorbenes Pflanzenmaterial. **Wissenswertes** »Tausendfüßer« gehören zu den Doppelfüßern *(Diplopoda)*, da an jedem Körpersegment zwei Beinpaare sitzen. Übrigens haben sie »nur« um die 100–260 »Füße«.

## Bandfüßer

> 2 Beinpaare pro Segment
> baut kunstvolle Eikammern
> immer genau 20 Körpersegmente

*Polydesmus* spec. (unten)

**Merkmale** Etwa 2 cm langer Körper mit 20 Ringen, deren Rückenschilder flach sind und breite Seitenflügel tragen. **Vorkommen** Meist in feuchten Wäldern. **Lebensweise** Bandfüßer bewohnen morsches Holz sowie die feuchte Laubstreu des Waldbodens. Sie sind lichtscheue Pflanzenfresser. **Wissenswertes** Die Weibchen bauen charakteristische Eikammern: Zunächst bilden sie einen ringförmigen Wall aus Erde, legen dann ihre Eier hinein und verschließen das Ganze mit einem kuppelförmigen Dach.

## Gartenkreuzspinne

*Araneus diadematus* (oben links)

- trägt ein weißes Kreuz
- baut große Radnetze
- tötet mit Giftbiss

**Merkmale** Bis zu etwa 1,5 cm groß, sehr variabel gefärbt (gelb bis bräunlich), aber immer mit kreuzförmiger Zeichnung aus länglichen, weißen Flecken auf dem Hinterleib (Name!). Typisch ist ihr großes Radnetz. **Vorkommen** An Waldrändern, auf Wiesen und in Gärten. Spinnt ihr Netz im Gebüsch. **Lebensweise** Lauert im Zentrum des Netzes, bis sich Beute darin verfängt. Dann wickelt sie sie in Spinnfäden und tötet sie mit ihrem Giftbiss. Im September und Oktober bauen die Weibchen gelbliche Eikokons. Aus den Eiern schlüpfen im kommenden Frühjahr die winzigen Jungtiere. **Wissenswertes** Männchen sind nur 0,5–1 cm groß.

## Waldwolfsspinne

*Pardosa lugubris* (oben rechts)

- fürsorgliche Mutter
- jagt wie Wölfe
- für den Menschen harmlos

**Merkmale** Bis 1 cm große, dunkelbraune Spinne mit hellem Streifen auf dem Vorderkörper. **Vorkommen** Im Bodenlaub, an Waldrändern und auf sonnigen Lichtungen. **Lebensweise** Wolfsspinnen bauen keine Netze, sondern jagen frei auf dem Boden. Sie jagen ähnlich wie Wölfe: vorsichtiges Anschleichen und dann ein gezielter Sprung. Wolfsspinnen sind besonders fürsorgliche Mütter. Ihre Eier spinnen sie in einen seidenen Kokon, den sie vier bis sechs Wochen lang an ihrem Hinterleib mit sich herumtragen. Sind die Jungspinnen geschlüpft, dürfen sie auf dem Rücken der Mutter reiten.

## Weberknecht

*Phalangium opilio* (Mitte)

- sehr lange, dünne Beine
- Körper ungeteilt
- tag- und nachtaktiv

**Merkmale** Körper etwa 0,5 cm groß, sehr, sehr lange, dünne Beine. **Vorkommen** An Wegrändern, in Gärten und auf Wiesen. **Lebensweise** Lauert auf Sträuchern und höheren Kräutern, wobei er seine Beine lassoartig um die Pflanzenstängel schlingt. Fliegt ein Insekt vorbei, greift er es blitzschnell mit seinen langen Beinen aus der Luft. **Wissenswertes** Im Unterschied zu den Spinnen ist der Körper der Weberknechte nicht in Vorder- und Hinterleib unterteilt, sondern besteht aus einem Stück.

## Holzbock, Zecke

*Ixodes ricinus* (unten links und rechts)

- saugt Blut
- überträgt gefährliche Krankheiten
- auch auf Wiesen häufig

**Merkmale** Etwa 0,5 cm groß und rotbraun gefärbt. Mit Blut prall voll gesogene Tiere werden bis 1 cm groß und sehen aus wie gräuliche Kaffeebohnen. Acht Beine. **Vorkommen** Häufig in Wäldern mit reicher Kraut- und Strauchschicht. **Lebensweise** Die Männchen leben rein vegetarisch. Die Weibchen brauchen zur Entwicklung ihrer Eier aber eine Blutmahlzeit. **Wissenswertes** Beim Saugen können Zecken gefährliche Krankheiten wie Hirnhautentzündung und Borreliose übertragen. Bilden sich nach einem Biss Rötungen um die Wunde, sollte man in jedem Fall einen Arzt aufsuchen!

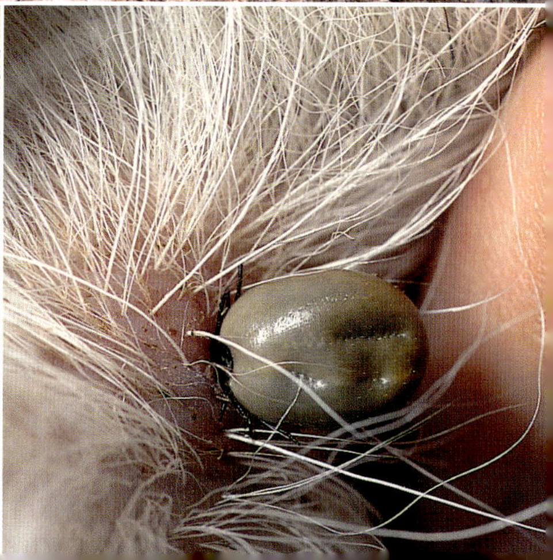

# Pflanzen

Am auffälligsten sind im Wald natürlich die Bäume. Sie machen den Wald zum Wald. Wo ihre Blätter genug Licht hindurch lassen, können im Unterholz noch Sträucher gedeihen. Für den Waldboden bleibt meist nicht mehr viel Licht übrig. Hier gedeihen echte Schatten-Spezialisten: Pilze, Farne oder zarte Waldblumen wie das liebliche Wald-Veilchen und der Waldmeister.
Sie finden die Pflanzen in diesem Buch so sortiert vor, wie sie Ihnen auch in der Natur am ehesten auffallen: vom großen Baum über die Sträucher bis hin zu Blumen und Kräutern, Farnen und Pilzen.

## Europäische Lärche

> Herbstfärbung
> im Winter kahl
> gutes einheimisches Bauholz

*Larix decidua* (oben links)

**Merkmale** Kieferngewächse *(Pinaceae)*. Sommergrüner, schlanker Nadelbaum, bis zu 40 m hoch. Nadeln 2–3 cm lang, hellgrün und weich, verfärben sich im Oktober goldgelb. Männliche Blüten unscheinbar, gelb, weibliche Blüten eiförmig, rosa, bis 1,5 cm groß. Zapfen 2–6 cm lang, eiförmig, aufrecht auf den Zweigen. Blütezeit März bis Mai, Samenreife September bis November. **Vorkommen** Einst nur in den Alpen, heute auch im Tiefland gepflanzt. **Wissenswertes** Einziger, heimischer Nadelbaum, der im Winter seine Blätter abwirft.

## Waldkiefer, Föhre

> asymmetrische Schirme
> Zapfen hängend
> beliebtes Möbelholz

*Pinus sylvestris* (oben rechts)

**Merkmale** Kieferngewächse *(Pinaceae)*. Immergrüner Nadelbaum bis 40 m Höhe, alte Bäume oft mit fast schirmförmiger Krone. Nadeln je zu zweit, steif, fest, 3–8 cm lang und graugrün. Männliche Blüten unscheinbar, gelb, weibliche Blüten am Ende junger Langtriebe, etwa 0,5 cm lang, rosa. Zapfen 3–8 cm lang, hängend. Blütezeit Mai/Juni, Samenreife September/Oktober. **Vorkommen** In Europa vom Tiefland bis in die Alpen bis 1600 m. **Wissenswertes** Von allen europäischen Kiefern hat sie die weiteste Verbreitung: von Portugal bis ans Nordkap und in Ostasien fast bis zur Küste.

## Weiß-Tanne

> Nadeln stumpf, weiß gestreift
> bis zu 600 Jahre alt
> Zapfen aufrecht

*Abies alba* (Mitte und unten rechts)

**Merkmale** Kieferngewächse *(Pinaceae)*. Immergrüner Nadelbaum bis 50 m Höhe, steht einzeln, Äste bis zum Grund. Nadeln kurz, am Ende stumpf, 1–3 cm lang, oben dunkelgrün, unten zwei weiße Streifen, stehen deutlich in zwei Reihen am Zweig. Männliche Blüten klein, gelb, weibliche 2–3 cm lang, hellgrün, stets auf der Oberseite der Zweige. Zapfen aufrecht, 8–15 cm lang, an beiden Enden etwas verschmälert. Blütezeit Mai/Juni, Samenreife September/Oktober. **Vorkommen** In Gebirgen Mittel- und Südeuropas bis 2000 m. **Wissenswertes** Luftverschmutzung führt zum Absterben.

## Fichte

> höchster heimischer Baum
> Zapfen hängend
> Nadeln spitz

*Picea abies* (unten links)

**Merkmale** Kieferngewächse *(Pinaceae)*. Immergrüner, kegelförmiger Nadelbaum, bis 70 m, meist 30–50 m hoch. Nadeln 1–3 cm, spitz, glänzend dunkelgrün. Männliche Blüten erst rötlich, dann gelblich, nach unten gerichtet, weibliche Blüten aufrecht, rötlich, 5–6 cm. Zapfen hängend, 10–15 cm, harzig. Blütezeit Mai/Juni, Samenreife September bis November. **Vorkommen** Heimisch in Mittelgebirgen und Alpen, oft angepflanzt. **Wissenswertes** Unser häufigstes Nadelholz. Bau- und Tischlerholz, Papierherstellung.

## Hänge-Birke

> weiße Rinde
> im Herbst goldgelb
> verursacht Pollenallergien

*Betula pendula* (oben links)

**Merkmale** Birkengewächse *(Betulaceae)*. Sommergrüner Laubbaum, bis 20 m hoch, weiße Rinde. Blätter 3–6 cm, meist dreieckig, im Herbst goldgelb. Blütenkätzchen erscheinen vor den Blättern. Männliche gelbbraun, bis 10 cm, hängend (Verursacher von Pollenallergien); weibliche aufrecht, grünlich. Reife Kätzchen 2–3 cm, hängend. Blütezeit April/Mai, Fruchtreife August/September. **Vorkommen** Anspruchslos, weit verbreitet in ganz Europa. **Wissenswertes** Gezüchtete Formen werden oft als Ziergehölze gepflanzt.

## Schwarz-Erle

> sehr verbreitet
> Zapfen ganzjährig am Baum
> Pionier auf nassen Böden

*Alnus glutinosa* (oben rechts)

**Merkmale** Birkengewächse *(Betulaceae)*. Sommergrün, bis 25 m hoch. Blätter rundlich breit, 4–10 cm lang, am Rand gesägt. Blütenkätzchen erscheinen vor den Blättern. Männliche Kätzchen hängend, 6–12 cm lang und purpurn, weibliche Kätzchen winzig, reifen zu erbsengroßen Zapfen heran. Sie verbleiben ganzjährig am Baum und machen Erlen auch im Winter leicht erkennbar. Blütezeit März/April, Fruchtreife September/Oktober. **Vorkommen** Überall in Europa in Auwäldern, an Bächen und Flüssen. **Wissenswertes** Sie ertragen mehr Bodennässe als alle anderen heimischen Gehölze und bilden auf sumpfigem Gebiet die so genannten Erlenbrüche.

## Rot-Buche

> unser wichtigster Laubbaum
> glatte, silbergraue Rinde
> dreikantige Bucheckern

*Fagus sylvatica* (Mitte links und rechts)

**Merkmale** Buchengewächse *(Fagaceae)*. Sommergrüner Baum bis 30 m Wuchshöhe. Frei stehend weit ausladend, tief hängende Zweige. Blätter eiförmig, 10–15 cm lang. Männliche Blüten in hängenden Büscheln, weibliche Blüten inmitten eines filzigen, vierklappigen Fruchtbechers, der später verholzt, im Herbst mit dreikantigen Früchten (Bucheckern). Blütezeit April/Mai, Samenreife September/Oktober. **Vorkommen** Überall in Europa häufig. **Wissenswertes** Wichtigster Laubbaum, unserem Klima optimal angepasst. Rotblättrige Blut-Buchen sind Gartenformen.

## Stiel-Eiche

> Symbolcharakter
> wird älter als 1000 Jahre
> wertvoller Forstbaum

*Quercus robur* (unten links und rechts)

**Merkmale** Buchengewächse *(Fagaceae)*. Sommergrüner, stattlicher, bis 40 m hoher Laubbaum. Verzweigt sich früh, daher oft kurzer Stamm. Blätter 10–15 cm lang, ungleichmäßig gelappt. Blüten unscheinbar, Früchte (Eicheln) länglich eiförmig, 2–3 cm lang, in Bechern. Blütezeit April/Mai, Fruchtreife September/Oktober. **Vorkommen** Überall in Europa, besonders im mitteleuropäischen Flachland. **Wissenswertes** Eichen werden viel älter als Buchen oder Linden. Die älteste deutsche Eiche soll 1400 Jahre alt sein.

## Gewöhnliche Haselnuss

> »Strauch der Eichhörnchen«
> erster blühender Strauch im Jahr
> Winterfutter

*Corylus avellana* (oben links und rechts)

**Merkmale** Birkengewächse *(Betulaceae)*. Sommergrüner, vom Grund an vielstämmiger, 2–6 m hoher Strauch. Blätter rundlich, 6–10 cm lang, weich behaart, am Rand gesägt. Blütenkätzchen erscheinen lange vor dem Laub. Männliche Kätzchen hängend, gelbbraun, 8–10 cm lang (links), weibliche knospenförmig. Früchte (Haselnüsse; rechts) 1–2 cm lang, eirundlich. Blütezeit Februar bis April, Fruchtreife August/September. **Vorkommen** In Europa außer Nordskandinavien an Waldrändern und in Hecken. **Wissenswertes** Haselnüsse sind sehr fett- und eiweißreich und damit ein wichtiges Winterfutter für viele Tiere.

## Gewöhnliche Esche

> Baum der Flüsse
> Blätter gefiedert
> Schraubendreh-Früchte

*Fraxinus excelsior* (Mitte links und rechts)

**Merkmale** Ölbaumgewächse *(Oleaceae)*. Sommergrüner, stattlicher, bis 40 m hoher Baum. Blätter 20–40 cm lang, neun- bis 13fach gefiedert. Blüten unscheinbar, erscheinen bereits vor den Blättern. Früchte geflügelt, um 3 cm lang. Blütezeit April/Mai, Fruchtreife September/Oktober. **Vorkommen** In ganz Europa verbreitet, vor allem in Schluchten, Mischwäldern und im Tiefland an Flüssen. **Wissenswertes** Eschenholz ist ein wertvolles, gut zu bearbeitendes, elastisches Holz. Die ersten Skier wurden daraus gefertigt und heute noch werden Sportgeräte daraus hergestellt.

## Brombeere

> undurchdringliche Gebüsche
> zum Teil wintergrün
> saftige Früchte

*Rubus fruticosus* (unten links)

**Merkmale** Rosengewächse *(Rosaceae)*. Teils wintergrüner, 1–2 m hoher, dicht stacheliger Strauch mit langen, bogig überhängenden Zweigen. Blätter eiförmig, 5–10 cm lang. Blüten weiß bis hellrosa, zu mehreren in lockeren Rispen. Frucht kugelig, schwarz glänzend, saftreich und säuerlich aromatisch. Blütezeit Mai bis August, Fruchtreife August bis Oktober. **Vorkommen** In ganz Europa an Wald- und Gebüschrändern häufig. **Wissenswertes** Zahlreiche kultivierte Sorten in Gärten.

## Eingriffliger Weißdorn

> Heckenpflanze
> Blüten duften süß
> Herzmittel

*Crataegus monogyna* (unten rechts)

**Merkmale** Rosengewächse *(Rosaceae)*. Bis 8 m hoher, dicht verzweigter, dorniger Strauch oder Baum. Blätter tief gebuchtet mit drei bis fünf spitzen Lappen. Blüten weiß, etwa 1 cm groß, gehäuft in Dolden. Frucht erbsengroß und rot. Blütezeit Mai/Juni, Fruchtreife August/September. **Vorkommen** Überall in Europa an Waldrändern und in Hecken. **Wissenswertes** Blätter und Früchte enthalten herzwirksame Stoffe. Weißdorn eignet sich gut als Heckenpflanze, er verträgt einen kräftigen Rückschnitt.

## Echte Trauben-Kirsche

> blüht frühzeitig
> Blüten in Trauben
> Kirschen sind schwarz

*Prunus padus* (oben links und rechts)

**Merkmale** Rosengewächse *(Rosaceae)*. Sommergrüner, bis 17 m hoher Baum, wächst meist vom Grund an verzweigt. Blätter eiförmig, 5–10 cm lang. Blüten weiß, 1–2 cm groß, im Gegensatz zu anderen Kirschen in hängenden Trauben (Name!). Früchte erbsengroß, schwarz glänzend, leicht bitter, aber essbar. Blütezeit April/Mai, Fruchtreife Juli/August. **Vorkommen** Verbreitet in Europa auf tiefgründigen, feuchten Böden. Zunehmend auch Straßen- und Parkbaum. **Wissenswertes** Bereits ab April entfalten sich Blüten und Blätter gleichzeitig. Die Kirschen werden gern von Vögeln gefressen.

## Berg-Ahorn

> im Herbst goldgelb
> Früchte geflügelt
> Zuchtform mit roten Blättern

*Acer pseudoplatanus* (Mitte links und rechts)

**Merkmale** Ahorngewächse *(Aceraceae)*. Stattlicher, sommergrüner, bis 40 m hoher Laubbaum. Blätter fünflappig, bis 20 cm lang, am Rand grob gezähnt, im Herbst goldgelb. Blüten in hängenden, etwa 10 cm langen, gelblich grünen Rispen. Nussfrüchte mit spitzwinklig zueinander stehenden Flügeln. Blütezeit April/Mai, Fruchtreife September/Oktober. **Vorkommen** Bei uns hauptsächlich in den Mittelgebirgen bis 1650 m Höhe, aber auch oft als Garten- und Parkbaum. **Wissenswertes** Das helle, fast weiße Ahorn-Holz ist ein wertvolles Nutzholz, aus dem Furniere und Tischplatten gefertigt werden.

## Stechpalme

> Blätter stachelig
> Früchte rot, giftig!
> Weihnachtsschmuck

*Ilex aquifolium* (unten links)

**Merkmale** Stechpalmengewächse *(Aquifoliaceae)*. Immergrüner Strauch oder Baum, bis zu 10 m hoch. Blätter ledrig, dick, dunkelgrün glänzend, 3–8 cm lang und am Rand sehr stachelig. Blüten klein, weiß, büschelig in den Blattachseln. Früchte erbsengroß, glänzend rot, giftig! Blütezeit Mai/Juni, Fruchtreife Oktober. **Vorkommen** Wächst wild in Europa, meist als strauchiger Unterwuchs in Wäldern. **Wissenswertes** Stechpalmenzweige sind besonders in England ein beliebter Weihnachtsschmuck.

## Gewöhnlicher Seidelbast

> sehr giftig!
> Frühblüher im Wald
> Früchte korallenrot, glänzend

*Daphne mezereum* (unten rechts)

**Merkmale** Seidelbastgewächse *(Thymelaeaceae)*. Sommergrüner, bis 1,5 m hoher Strauch. Die rosafarbenen Blüten erscheinen vor den Blättern. Sowohl Blüten als auch die länglichen Blätter stehen büschelig gehäuft an den Zweigenden. Früchte erbsengroß, rot glänzend. Blütezeit Februar bis April, Fruchtreife August/September. **Vorkommen** In fast ganz Europa in schattigen Laub- und Mischwäldern. **Wissenswertes** Alle Teile der Pflanze, Rinde, Blätter, Blüten und Früchte sind für Säugetiere gesundheitsschädlich. Vögel können die Früchte in großen Mengen verzehren und tragen so zur Samenverbreitung bei.

## Heidelbeere, Blaubeere

*Vaccinium myrtillus* (oben)

> süße, leckere Früchte
> liefert köstliche Marmelade
> Achtung! Verursacht farbechte Flecken

**Merkmale** Heidekrautgewächse *(Ericaceae)*. 10–40 cm hoher Zwergstrauch mit kantigen, grünen Zweigen. Glockenförmige grünlich-rötliche Blüten. Blätter rundlich-eiförmig, zugespitzt. Früchte blauschwarz mit rotem Saft. Blütezeit Mai–Juni, Früchte August–Oktober. **Vorkommen** In Wäldern mit saurem Boden und in Heidegebieten. **Wissenswertes** Zum Verwechseln ähnlich ist die bitter schmeckende Rauschbeere *(Vaccinium uliginosum)*: Diese hat aber gerundete, braune Zweige und nicht zugespitzte Blätter. Der Verzehr größerer Mengen von Rauschbeeren führt zu Schwindel und Durchfall.

## Efeu

*Hedera helix* (Mitte links)

> immergrüner Kletterer
> im Winter oft rötlich
> in Gärten auch als Zuchtform

**Merkmale** Efeugewächse *(Araliaceae)*. Immergrüner Kriech- und Kletterstrauch. Blätter dunkelgrün mit weißer Aderung, ledrig. Die Sprosse sind mit braunen Haftwürzelchen bedeckt. Blüten unscheinbar, klein und grünlich gelb, in Dolden. Früchte (rechts) blauschwarz, wie kleine Beeren. Blütezeit September/Oktober, Fruchtreife Februar bis April. **Vorkommen** Wild in west- und mitteleuropäischen Laubwäldern. **Wissenswertes** In Wäldern oder an anderen schattigen Stellen kriecht der Efeu am Boden, steigt dann mit seinen Haftwurzeln bis zu 20 m hoch an Bäumen oder Steinwänden empor.

## Wald-Geißblatt

*Lonicera periclymenum* (Mitte rechts)

> wächst wie eine Liane
> duftet abends und nachts
> lockt Nachtschmetterlinge

**Merkmale** Geißblattgewächse *(Caprifoliaceae)*. Sommergrüner, über 5 m hoch kletternder Schlingstrauch. Blätter 5–8 cm lang, eiförmig, treiben schon im zeitigen Frühjahr aus. Blüten duftend, röhrenförmig, gelblich weiß, oft rötlich angehaucht, zu mehreren in endständigen Köpfchen. Früchte erbsengroß, dunkelrot. Blütezeit Mai–August, Fruchtreife August/September. **Vorkommen** In Wäldern, Gebüschen und Hecken. **Wissenswertes** Mit ihrem Duft, der besonders intensiv in den Abendstunden ist, locken sie zahlreiche Nachtschmetterlinge an.

## Gewöhnliche Waldrebe

*Clematis vitalba* (unten links und rechts)

> einheimische Liane
> Wildform der Garten-Clematis
> fedrige Früchte auch im Winter

**Merkmale** Hahnenfußgewächse *(Ranunculaceae)*. Sommergrüner, bis über 10 m kletternder Schlingstrauch. Blätter länglich, 3–10 cm. Blüten grünlich weiß, 2–3 cm groß, in reichblütigen Rispen. Früchte tragen zahlreiche dicht fedrige, 3 cm lange Griffel, die im Winter am Strauch verbleiben. Blütezeit Juni–September, Fruchtreife Oktober. **Vorkommen** In feuchten Wäldern und an Waldrändern. **Wissenswertes** Die Waldrebe ist eine der wenigen heimischen Lianen. Bekommt sie genug Nährstoffe, überwuchert sie mit ihren rankenden Blattstielen ganze Bäume.

## Busch-Windröschen

- Frühjahrsblüher
- »Osterblume«
- oft in Massenbeständen

*Anemone nemorosa* (oben)

**Merkmale** Hahnenfußgewächse *(Ranunculaceae)*. 5–25 cm hohe und zarte Waldblume. Pro Stängel eine leuchtend weiße (auch rötlich überlaufene), 2–4 cm große Blüte aus meist sechs Blütenblättern. Etwa in der Mitte des Stängels entspringt ein Quirl aus drei zerschlitzten Blättern. Blütezeit März bis Mai. **Vorkommen** Laub- und Mischwälder. **Wissenswertes** Das Buschwindröschen ist ein typischer Frühjahrsblüher des Waldes (»Osterblume«). Es entfaltet seine Blätter ab Februar und seine Blüten ab Mitte März, solange die Bäume über ihm noch unbelaubt sind. So nutzt es optimal das im Wald begrenzte Lichtangebot. Nicht selten streckt es seine Blätter durch die Schneedecke hindurch. Die Blüte hält an, bis die Bäume Laub tragen. An geeigneten Standorten bildet es große Bestände aus. Als Frühblüher in den Wäldern findet sich außerdem das nah verwandte, aber leuchtend gelb blühende Gelbe Windröschen *(Anemone ranunculoides)*.

## Leberblümchen

- Märzblümchen
- »Die Blümelein, sie schlafen«
- Blattform leberähnlich

*Hepatica nobilis* (Mitte)

**Merkmale** Hahnenfußgewächse *(Ranunculaceae)*. 5–15 cm hohe, zartlila blühende Waldblume. Blüten aus sechs bis zehn Blütenblättern einzeln am Ende des Stängels, 2–3,5 cm im Durchmesser. Die Blüten erscheinen vor den Blättern (»Tochter vor der Mutter«). Blätter dreilappig, ledrig, oberseits oft braunfleckig, sie entspringen am Grund. Blütezeit März bis Mai. **Vorkommen** Vorzugsweise in Kalk-Buchenwäldern. **Wissenswertes** Der Name Leberblümchen bezieht sich auf ihre leberähnliche Blattform, ihr zweiter Name »Märzblümchen« auf ihre frühe Blütezeit. Wie in dem bekannten Kinder-Schlaflied »Die Blümelein, sie schlafen...« schließt das Leberblümchen abends seine tagsüber weit geöffneten Blüten und »schläft« mit nickenden Blütenköpfchen.

## Scharbockskraut

- junge Blätter essbar
- »Zigeunersalat«
- gelbe Blütenteppiche im Frühjahr

*Ranunculus ficaria* (unten)

**Merkmale** Hahnenfußgewächse *(Ranunculaceae)*. 5–30 cm hoher Frühjahrsblüher mit niederliegendem oder aufsteigendem Stängel. Blüten 2–3 cm groß, aus acht bis zwölf glänzend gelben Blütenblättern. Blätter herzförmig, fleischig und glänzend. Blütezeit März bis Mai. **Vorkommen** In feuchten Wäldern und Gebüschen, oftmals in großen Beständen. **Wissenswertes** Das Scharbockskraut überzieht im April stellenweise den Waldboden mit einem gelben Blütenteppich. Der Name »Scharbock« kommt von »Skorbut« – das ist eine Vitamin-C-Mangel-Krankheit, gegen die das Kräutlein Abhilfe schafft. Seine jungen Blätter sind sehr Vitamin-C-haltig und können als Salat verspeist werden. Vom Genuss älterer Blätter muss hingegen abgeraten werden, sie schmecken scharf und bitter, woran man den Gehalt an giftigem Protoanemorin erkennt.

## Hohler Lerchensporn

> Giftpflanze!
> blüht lila, weiß und rot
> Frühjahrsblüher

*Corydalis cava* (oben)

**Merkmale** Erdrauchgewächse *(Fumariaceae)*. 20–30 cm hohe Waldblume mit 10–20 Blüten am Stängelende. Die Blüten sind 2–3 cm lang, tragen einen langen, abwärts gekrümmten Sporn und können lila, rötlich oder weiß gefärbt sein. Blätter zart, zerschlitzt. Blütezeit März bis Mai. **Vorkommen** In feuchten Wäldern und Gebüschen. Unter günstigen Bedingungen ist der Lerchensporn auf großen Flächen bestandbildend. **Wissenswertes** Der Name bezieht sich auf die walnussgroße, innen hohle Wurzelknolle (sie ist der giftigste Teil der Pflanze!) sowie auf die Blüten, die einen langen Sporn tragen. In ihn wird reichlich süßer Nektar abgeschieden, den Bienen mit ihren langen Rüsseln heraussaugen. Als Gratisdienst bestäuben sie dabei die Blüten. Andere Insekten, die so nicht an den süßen Saft herankommen, stehlen ihn häufig, indem sie einfach den Sporn hinten abbeißen.

## Schmalblättriges Weidenröschen

> Samen mit Haarschopf
> Pionierpflanze
> leuchtend purpurrote Blüten

*Epilobium angustifolium* (Mitte links und rechts)

**Merkmale** Nachtkerzengewächse *(Onagraceae)*. 0,5–1,5 m hoch wachsend mit zahlreichen, weithin leuchtenden, purpurroten Blüten am Stängelende. Einzelblüte schüsselförmig flach, aus vier Blütenblättern bestehend, 2–3 cm im Durchmesser. Blätter schmal und bis 15 cm lang, ähneln Weidenblättern (Name!). Blütezeit Juni bis August. **Vorkommen** Sehr häufige Pflanze auf steinig sandigem Boden, besiedelt Waldlichtungen und Ödländer, in den Alpen Felsschutt. **Wissenswertes** Die hübsche Pflanze taucht urplötzlich auf neu entstandenen Lichtungen und Schutthaufen auf (Pionierpflanze) und breitet sich hier über Wurzelausläufer rasant aus. Jede Pflanze produziert Hunderttausende von Samen. Mit federleichten Haarschöpfen ausgestattet, werden sie vom Wind weit in alle Richtungen verfrachtet.

## Wald-Sauerklee

> schwach giftig
> blüht im Schatten
> dreiteiliges Kleeblatt

*Oxalis acetosella* (unten)

**Merkmale** Sauerkleegewächse *(Oxalidaceae)*. 5–15 cm hohe Waldpflanze mit typischem, dreiteiligem Kleeblatt und lang gestielten, weißen Blüten. Blüte 1–2 cm groß, aus fünf Blütenblättern bestehend, mit deutlich sichtbaren, violetten Adern und gelbem Fleck am Grund. Blütezeit April/Mai. **Vorkommen** Häufig auf feuchten Waldböden. **Wissenswertes** Der Sauerklee ist eine typische Schattenpflanze. Er blüht auch noch unter voll belaubten Bäumen an Stellen, die nur noch von 1% des Sonnenlichts erreicht werden. Damit ist er Rekordhalter unter den mitteleuropäischen Schattenpflanzen. In seinen Blättern enthält er die schwach giftige Oxalsäure und Oxalate (Kleesalze), weshalb man Zurückhaltung beim beliebten Genuss seiner Blätter empfehlen muss! Die seltenen vierblättrigen Kleepflanzen gelten als Glücksbringer.

## Wald-Bingelkraut

> giftig!
> riecht widerlich
> männliche und weibliche Pflanzen

*Mercurialis perennis* (oben links)

**Merkmale** Wolfsmilchgewächse *(Euphorbiaceae)*. 10–40 cm hoch mit unverzweigtem Stängel, nur in der oberen Hälfte beblättert. Blätter eiförmig, 4–12 cm lang, Blüten unscheinbar, gelblich grün in länglichen Rispen. Blütezeit März bis Juni. **Vorkommen** In nährstoffreichen Laub- und Mischwäldern. **Wissenswertes** Männliche und weibliche Blüten auf verschiedenen Pflanzen. Die männlichen sind reichblütig, die weiblichen tragen nur ein bis fünf Blüten. Schwach giftig, nicht essbar.

## Wald-Erdbeere

> köstliche Waldfrucht
> oft an Waldwegen
> Blüten und Früchte häufig zeitgleich

*Fragaria vesca* (oben rechts)

**Merkmale** Rosengewächse *(Rosaceae)*. 10–30 cm hohe, aufrechte Staude. Blüten weiß mit fünf Blütenblättern. Blätter dreiteilig, unterseits seidig behaart. Früchte anfangs grün, zur Reife rot. Blütezeit April-Juni, reife Früchte Juli-September. **Vorkommen** Lichte Laub-, Misch- und Nadelwälder. Häufig entlang von Waldwegen oder an Waldrändern. **Wissenswertes** Erdbeeren bilden lange Ausläufer, die sich bewurzeln und Tochterpflänzchen bilden. Ihre unverdaulichen Samen werden durch Vögel und andere Tiere verbreitet, die die schmackhaften Früchte fressen. Unsere in Gärten und Plantagen angepflanzten »Monats-Erdbeeren« sind Zuchtformen.

## Wald-Veilchen

> liefert »Ameisenbrötchen«
> herzförmige Blätter
> Blüte mit Nektar-Reservoir

*Viola reichenbachiana* (Mitte links und rechts)

**Merkmale** Veilchengewächse *(Violaceae)*. 10–20 cm hohe, zarte Waldpflanze mit herzförmigen Blättern. Die Blüten sind lang gestielt und gespornt, 1,5–2 cm groß, violett und duften süß. Blütezeit März bis Mai. **Vorkommen** Häufig in feuchten Wäldern. **Wissenswertes** Die Samen tragen nährstoffreiche Anhängsel, die gern von Ameisen gefressen werden (»Ameisenbrötchen«). Sie verschleppen die Samen und tragen so zur Verbreitung bei. Der Sporn dient als Reservoir, in dem sich süßer Nektar sammelt. Damit lockt er Hummeln und Bienen zur Bestäubung an.

## Wald-Schlüsselblume

> Frühlingskünder
> goldgelbe, nickende Blüten
> Blätter runzelig

*Primula elatior* (unten)

**Merkmale** Primelgewächse *(Primulaceae)*. 10–30 cm hoher Frühblüher mit runzeligen Blättern, die als Rosette am Boden wachsen. Daraus erheben sich die langen Blütenstiele mit jeweils 5–20 Blüten. Blüten goldgelb, 1–2 cm groß, hängend. Blütezeit März bis April. **Vorkommen** In feuchten, nährstoffreichen Wäldern mit lehmigen Böden. **Wissenswertes** Sie blüht sehr früh und ist eine der ersten Nektarpflanzen für Bienen und Hummeln. Als »Frühlingstee« hilft sie ausgezeichnet bei Herzbeschwerden.

## Waldmeister

> für Maibowle verwendet
> riecht nach Cumarin
> hilft gegen Schlaflosigkeit

*Galium odoratum* (oben)

**Merkmale** Rötegewächse *(Rubiaceae)*. 5–25 cm hoch, Blätter in Quirlen wie in Stockwerken übereinander. Blüten klein, weiß und vierzipflig. Blütezeit April bis Juni. **Vorkommen** Häufig in nährstoffreichen, feuchten Wäldern. **Wissenswertes** Waldmeister enthält Cumarine, die seinen charakteristischen Duft ausmachen. Er ist ein beliebter Zusatz zu Kräutertees. Frischer Waldmeister mit Weißwein ergibt die beliebte Maibowle. Verwendet wird das ganze oberirdische Kraut vor oder während der Blüte. Achtung: Zu viel Cumarin erzeugt Kopfschmerzen!

## Tollkirsche

> gefährliche Giftpflanze!
> braunviolette Glocken
> schwarz glänzende Beeren

*Atropa bella-donna* (Mitte links und rechts)

**Merkmale** Nachtschattengewächse *(Solanaceae)*. 50–150 cm hoch mit eiförmigen Blättern. Blüten 2,5–3,5 cm groß, glockig, braunviolett. Frucht eine schwarz glänzende, etwa 1 cm große Beere. Blütezeit Juni bis August. **Vorkommen** In Wäldern und an Waldrändern. **Wissenswertes** »Bella donna« bedeutet »schöne Frau«, weil der Verzehr der Beeren die Pupillen erweitert, was früher als schön galt. Ein hoher Preis für die Schönheit: Schon der Genuss von drei bis vier Beeren mit dem darin enthaltenen giftigen Atropin kann tödlich enden. Da die Beeren leider gut schmecken, zählt die Tollkirsche zu den besonders gefährlichen Giftpflanzen!

## Roter Fingerhut

> stark giftig!
> pinkfarbene Glocken
> Hummelblume

*Digitalis purpurea* (unten links)

**Merkmale** Braunwurzgewächse *(Scrophulariaceae)*. 0,5–1,5 m hoch, mit auffallender Blütentraube. Blüten 3–5 cm groß, glockig und nickend, pinkfarben mit schwarzen Flecken, die weiß umrandet sind. Blätter eiförmig, die meisten am Grund. Blütezeit Juni bis August. **Vorkommen** Auf Waldlichtungen. **Wissenswertes** Die gesamte Pflanze ist stark giftig. Sie enthält verschiedene Glykoside und Saponine, die Erbrechen und Atemnot bewirken. In der modernen Pharmazie werden Digitalis-Glykoside bei Herzbeschwerden in kleinsten Dosen verabreicht und für Kreislauf-Medikamente genutzt.

## Gefleckter Aronstab

> raffinierte Blütenfalle
> stinkt nach Aas
> Früchte giftig!

*Arum maculatum* (unten rechts)

**Merkmale** Aronstabgewächse *(Araceae)*. 20–40 cm hoch mit einem auffälligen, tütenförmigen, hellgrünen Schaublatt, in dem ein braunvioletter Kolben zu sehen ist. Blätter pfeilförmig, meist dunkel gefleckt (Name!). Beeren erbsengroß, leuchtend rot, giftig! Blütezeit April bis Mai. **Vorkommen** In Laubwäldern und Gebüschen mit sehr nährstoffreichen Böden. Fehlt im westlichen Tiefland. **Wissenswertes** Der Aronstab lockt mit seinem Aasgeruch Fliegen und Mücken an.

## Maiglöckchen

> giftig!
> Blütenöl für Parfums
> Heilmittel

*Convallaria majalis* (oben links und rechts)

**Merkmale** Maiglöckchengewächse *(Convallariaceae)*. 10–25 cm hoch mit zwei bis drei großen, elliptischen Blättern. Blüten etwa 1 cm große, weiße Glöckchen, duften intensiv. Blütezeit Mai/Juni. **Vorkommen** In nährstoffreichen Laub- und Mischwäldern. **Wissenswertes** Das Maiglöckchen zählt zu den meistgepflückten Wildblumen, insbesondere zum Muttertag. Doch sowohl Blätter als auch Blüten und Beeren sind giftig! Sie enthalten herzwirksame Glykoside, die in der richtigen Dosierung in der Medizin als Medikament eingesetzt werden. Das süß duftende Blütenöl dient oft als Zusatz zu Parfums.

## Gemeiner Gelbstern

> hat nur ein Blatt
> gelbe Sternchenblüten
> Frühblüher

*Gagea lutea* (Mitte links)

**Merkmale** Liliengewächse *(Liliaceae)*. 10–25 cm hoch mit nur einem langen, schmalen, etwa 1 cm breiten Blatt. Blüten aus sechs gelben Blütenblättern, lang gestielt, 2–3 cm groß. Blütezeit März bis Mai. **Vorkommen** In nährstoffreichen Wäldern mit lockeren, feuchten Böden. Bevorzugt Auwälder. **Wissenswertes** Wie für Liliengewächse typisch, entspringt der Gelbstern einer Zwiebel. Schon im Frühsommer stirbt der oberirdische Teil der Pflanze wieder ab, die Reservestoffe werden in der Zwiebel eingelagert, aus ihr wächst im nächsten Frühjahr wieder eine Pflanze heraus.

## Bär-Lauch

> riecht nach Knoblauch
> Blätter wie beim Maiglöckchen
> essbar

*Allium ursinum* (Mitte rechts)

**Merkmale** Lauchgewächse *(Alliaceae)*. 15–50 cm hoch mit maiglöckchenartigen Blättern, die beim Zerreiben nach Knoblauch riechen. Weiße Sternblüten, 1–2 cm groß, zu mehreren am Ende des blattlosen Stängels. Blütezeit April bis Juni. **Vorkommen** In feuchten Laubwäldern fast ganz Europas, oft in Massenbeständen. Fehlt im Norden. **Wissenswertes** Blätter und Zwiebel werden als Knoblauch-Ersatz klein gehackt roh oder gekocht gegessen. Der Geschmack ist scharf zwiebel- bis knoblauchartig.

## Vielblütige Weißwurz

> giftig!
> Blätter in einer Ebene
> Blüten unterhalb der Blätter

*Polygonatum multiflorum* (unten)

**Merkmale** Maiglöckengewächse *(Convallariaceae)*. 30–70 cm hoch, eigenartige Wuchsform: Die breit eiförmigen, 8–15 cm langen Blätter sind fast wie Palmwedel in einer Ebene ausgebreitet, darunter findet man die länglich glockenartigen, etwa 1 cm langen, weißlichen Blüten. Eine bis fünf hängen in den Achseln der Blätter. Beeren blauschwarz, 1 cm groß. Blütezeit Mai bis Juni. **Vorkommen** Im Schatten feuchter Laubwälder. **Wissenswertes** Blätter und Früchte enthalten giftige Saponine! Die Pflanze ist auch unter dem deutschen Namen »Salomonssiegel« bekannt.

## Adlerfarn

*Pteridium aquilinum* (oben)

> größter heimischer Farn
> Wedel wie Adlerflügel
> giftig und krebserregend

**Merkmale** Bis zu 2 m hoch. Blätter 3-4fach gefiedert, entspringen einzeln dem unterirdisch kriechenden, weit verzweigten Spross. Oft dichte Bestände bildend. **Vorkommen** Häufiger und anspruchsloser Farn in allen Waldtypen, weltweit verbreitet. **Wissenswertes** Der Adlerfarn breitet sich nach Waldbränden und Kahlschlägen oft massenhaft auf neu entstandenen Lichtungen aus und verhindert durch die Schattenwirkung seiner großen Wedel das Hochkommen von Jungbäumen. Die Pflanze enthält in allen Teilen verschiedene Giftstoffe.

## Gewöhnlicher Wurmfarn

*Dryopteris filix-mas* (Mitte links)

> trichterförmig
> eingerollte Blätter bilden »Bischofsstäbe«
> Bandwurm-Mittel

**Merkmale** Dunkelgrüner Farn mit in Trichterform angeordneten, etwa 1 m langen Wedeln. Sie sind im Unterschied zum größeren Adlerfarn nur 2fach gefiedert. Blätter anfangs schneckenförmig eingerollt (»Bischofsstäbe«). **Vorkommen** In fast allen Wäldern auf lehmigen, nährstoffreichen Böden. **Wissenswertes** Seit alters her wird sein Wurzelstock als wirksames Mittel gegen Bandwürmer verabreicht (Name!). Wegen immer wieder auftretenden Vergiftungen wird er aber heute nur noch ausnahmsweise und in besonders hartnäckigen Fällen eingesetzt. Es gibt bei uns etliche weitere, zum Teil recht ähnliche Wurmfarn-Arten.

## Wald-Schachtelhalm

*Equisetum sylvaticum* (Mitte rechts)

> grazil
> giftige Art
> wie ein kleiner Tannenbaum

**Merkmale** 15–50 cm hoch. Gegliederte, hohle Sprosse anfangs bleich und unverzweigt, später ergrünend und in mehreren Etagen quirlig verzweigt. Seitenäste ihrerseits quirlig verzweigt und bogenförmig überhängend. Die Sporenbehälter sitzen am Sprossende und fallen nach der Reife ab. **Vorkommen** Verbreitet und häufig in feuchten Laub- und Mischwäldern, seltener in reinen Nadelwäldern. **Wissenswertes** Schachtelhalme sind in Stängelabschnitte mit dazwischen liegenden Knoten gegliedert und lassen sich leicht auseinander ziehen.

## Keulen-Bärlapp

*Lycopodium clavatum* (unten)

> »Schlangenmoos«
> keulenförmige Sporenstände
> steht unter Naturschutz

**Merkmale** Über 1 m langer, am Boden kriechender Stängel mit kleinen, nadelartigen Blättchen, die in heller Haarspitze enden. Im Juni und Juli mit gelblichen Sporenbehältern, diese meist zu 2–3 auf senkrecht nach oben wachsenden, 10-30 cm langen Stielen. **Vorkommen** In Nadelwäldern auf kargen, kalkarmen Böden. **Wissenswertes** Das Sporenpulver (»Hexenmehl«) findet vielfache Verwendung: Leicht entzündbar erzeugt es bei Feuerwerken besondere Blitzeffekte, in der Pharmazie dient es als Wundpulver, in der Homöopathie ist es ein wichtiges Konstitutionsmittel.

## Steinpilz, Herrenpilz

*Boletus edulis* (oben)

› kastanienbrauner Hut
› geschätzter Speisepilz
› wächst unter Fichten

**Merkmale** Kompakter, fester Pilz mit 5–25 cm Durchmesser. Hut glatt, hell- bis kastanienbraun, bei feuchtem Wetter klebrig. Die Röhren auf der Hut-Unterseite sind anfangs weißlich, später grünlich gelb. Stiel keulenförmig und weiß. Erscheint im September und November. **Vorkommen** In ganz Europa, meist in Nadelwäldern unter Fichten. **Wissenswertes** Einer der besten und bekanntesten Speisepilze. Der Name Herrenpilz stammt aus den Zeiten, als gefundene Steinpilze noch bei den jeweiligen Großgrundbesitzern, den »Herren«, abgegeben werden mussten.

## Hallimasch

*Armillaria mellea* (Mitte links)

› honiggelbe Hüte
› büschelig an Holz
› in manchen Jahren massenhaft

**Merkmale** Wächst büschelig, Hüte 2–12 cm Durchmesser, honiggelb mit schwarzen Schüppchen (können vom Regen abgewaschen sein). Lamellen und Stiel weißlich. Erscheint von September bis November. **Vorkommen** Auf der ganzen Welt verbreitet und häufig. Wächst parasitisch an lebenden Laub- und Nadelbäumen und auf Baumstümpfen. **Wissenswertes** Der Hallimasch ist ein gefürchteter Forstschädling. Seine Pilzgeflechte durchziehen ganze Wälder, in einigen Jahren sprießen aus ihnen überall die Pilze hervor. Roh ist er giftig, abgekocht wird er von den meisten Menschen vertragen.

## Fliegenpilz

*Amanita muscaria* (unten rechts)

› rot mit weißen Punkten
› giftig!
› wächst unter Birken und Fichten

**Merkmale** Hut meist 5–20 cm im Durchmesser, leuchtend rot bis orange, häufig mit weißen Flocken, die aber vom Regen abgewaschen sein können. Lamellen und Stiel weiß. Erscheint von Juli bis November. **Vorkommen** Auf der ganzen Nordhalbkugel in Nadel- und Laubwäldern, oft unter Birken und Fichten. **Wissenswertes** Sein deutscher Name weist auf die frühere Verwendung: Der Hut wurde zerbrochen, in Milch gelegt und zum Fang von Fliegen aufgestellt. Bei nordischen Völkern wurde er in getrocknetem Zustand als Rauschmittel eingesetzt.

## Grüner Knollenblätterpilz

*Amanita phalloides* (unten links)

› Hut meist grün
› tödlich giftig!
› unter Eichen

**Merkmale** Hut 4–12 cm Durchmesser, variabel gefärbt, meist grünlich, aber auch rein weiß. Lamellen und Stiel weiß. Stiel mit Manschette, zum Grund hin knollig. Erscheint von Juli bis November. **Vorkommen** In Laubmischwäldern, häufig unter Eichen. **Wissenswertes** Einer der gefährlichsten Giftpilze. Bislang gibt es kein Gegenmittel. Der Verzehr führt zunächst zu Brechdurchfällen und endet bei scheinbarer Genesung nach einigen Tagen in 50–90 % der Fälle tödlich.

## Echter Pfifferling

- dottergelb
- geschmackvoller Speisepilz
- selten geworden

*Cantharellus cibarius* (oben links)

**Merkmale** Trompetenförmiger, dottergelber Pilz. Hut meist 2–7 cm im Durchmesser, anfangs gewölbt, später trichterförmig vertieft. Die Lamellen laufen weit am gleich gefärbten Stiel herab. Erscheint von Juni bis November. **Vorkommen** Weit verbreitet in Europa. Wächst in Laub- und Nadelwäldern, ist vielerorts selten geworden. **Wissenswertes** Leicht zu verwechseln mit dem häufigen Falschen Pfifferling *(Hygrophoropsis aurantiaca)*. Dieser ist kein Speisepilz; sein Verzehr führt zu Verdauungsstörungen.

## Echter Zunderschwamm

- Baumpilz
- »brennt wie Zunder«
- bringt Bäume zum Absterben

*Fomes fomentarius* (oben rechts)

**Merkmale** Wächst wie ein korkig harter Hut aus der Rinde von Bäumen heraus. Wird 10–30 cm breit und etwa ebenso hoch. Typisch sind die farbenfrohen Ringe (Zuwachsränder) auf der Oberseite. Ganzjährig. **Vorkommen** Wächst parasitisch an geschwächten Laubbäumen, hauptsächlich an Buchen, Birken, Eichen und Kastanien. **Wissenswertes** Der Pilz verursacht Weißfäule und ist ein ernsthafter Schädling. Der deutsche Name weist auf die frühere Verwendung: Gekocht und in Salpetersäure getränkt, wurde er als Zunder zum Feuermachen benutzt.

## Stinkmorchel

- wächst aus »Hexeneiern«
- stinkt widerwärtig
- lockt Fliegen und Schnecken

*Phallus impudicus* (Mitte links und rechts)

**Merkmale** Junger Pilz zunächst eiförmig (»Hexenei«), 3–5 cm groß. Platzt er auf, wächst daraus der 10–20 cm lange Pilz mit weißem Stil und glockenförmigem Hut. Hut 3–4 cm lang, trägt ein wabenartiges Muster, das von einer olivgrünen bis schwarzgrünen Sporenmasse überzogen ist, die aasartig stinkt. Erscheint Juni bis Oktober. **Vorkommen** Oft in Laub- und Nadelwäldern, Gärten und Parks. **Wissenswertes** Von dem Aasgeruch werden Fliegen und Schnecken angelockt, sie fressen die Sporen, scheiden sie wieder aus und tragen so zur Verbreitung bei.

## Zinnoberroter Pustelpilz

- überzieht Zweige und Äste
- Fruchtkörper ähneln winzigen Himbeeren
- ganzjährig sehr häufig

*Nectria cinnabarina* (unten)

**Merkmale** Hauptfruchtform etwa 2–5 mm im Durchmesser, setzt sich aus mehreren 0,2–0,4 mm kleinen Fruchtkörpern zusammen und erinnert an eine kleine zinnoberrot bis dunkelrot gefärbte Himbeere. Oft gemeinsam mit der Nebenfruchtform (Konidienform), die blassrosa bis hellrot gefärbt ist und kissenförmige, 5–6 mm große Pusteln bildet. Ganzjährig. **Vorkommen** Überall häufig auf toten Laubholzzweigen, seltener auch an Nadelholz oder an lebendem Holz parasitierend. **Wissenswertes** Abgestorbene Zweige werden schnell von verschiedenen Pustelpilz-Arten besiedelt. Hier spielen die kleinen Pilze eine wichtige Aufgabe beim Abbau der organischen Substanz.

**› Dachsbau mit Rutsche**
Mehrere Meter tiefe Bauten auf verschiedenen Etagen mit vielen Ausgängen. Eingang ca. 30 cm Durchmesser. Typisch: »Rutsche« am Haupteingang. Ist sie frisch aufgewühlt, ist der Bau bewohnt (»befahren«).

**› Spechthöhle**
Höhleneingang je nach Art 5–7 cm (Buntspecht) oder 7–12 cm (Schwarzspecht). Spechte zimmern ihre Höhlen in morsche Baumstämme. Verlassene Spechthöhlen dienen häufig anderen Wildtieren als Wohnung.

**› Nest (Kobel) vom Eichhörnchen**
Eichhörnchen bauen ähnlich wie Vögel ein Nest aus miteinander verflochtenen Zweigen, meist weit oben in der Astgabel eines Baums. Es hat einen Durchmesser von etwa 40 cm und wird als Kobel bezeichnet.

**› »Hexenring«**
Phänomen im herbstlichen Wald. Solche Pilzkreise entstehen durch das Wachstum der Pilze von einem Pilzgeflecht in der Mitte aus. Je einheitlicher die Wachstumsbedingungen, desto gleichmäßiger die Kreise.

**› »Schubberbaum« vom Wildschwein**
Wenn Wildschweinen das Fell juckt, kratzen sie sich gerne immer wieder an einem bestimmten Baum. An diesen Bäumen ist in der Höhe des Wildschweinkörpers (0,5–1 m) die Rinde abgeschubbert.

**› Wühlspuren vom Wildschwein**
Auf der Nahrungssuche nach Insekten, Wurzeln oder Pilzen durchpflügen Wildschweine mit ihrer kräftigen Nase die Erde und brechen dabei die Grasnarbe auf. Zurück bleiben großflächige Wühlspuren.

**› Fegespuren vom Hirsch**
Hirsche wechseln ihr Geweih jährlich. Das neu gewachsene Geweih ist von einer Basthaut umgeben, die die Tiere an Bäumen und Büschen abscheuern oder »abfegen«. An den Ästen kommt es zu typischen Verletzungen.

**› Abgefressene Fichtenzapfen**
In Wäldern und Parks. Eichhörnchen und Mäuse zernagen Zapfen, um an die Samen zu gelangen. Bei Eichhörnchen sind sie ausgefranst und an der Spitze unversehrt. Von Mäusen angenagte Zapfen sehen »ordentlich« aus.

**› Gewölle einer Eule**
In Wäldern, oft unter Bäumen. Etwa 5 cm lange, walzenförmige Gebilde. Es handelt sich dabei um von Eulen ausgespuckte, unverdauliche Nahrungsreste wie Haare, Federn und Knochen.

**› Fuchskot**
In Wald und Wiese. Häufig exponiert auf Steinen oder Baumstubben. Wurstförmig, 5–8 cm lang, an einem Ende abgerundet, am anderen spitz ausgezogen. Im Herbst oft blau, da Füchse gern Blaubeeren fressen.

**› Rehkot/Losung**
Die schwärzliche, bohnenförmige Losung des Rehs ist etwa 10–14 mm lang und 7–10 mm breit. Kenner können anhand der Losung Aussagen über den Ernährungszustand und die Größe des Tiers machen.

**› Rupfung eines Greifvogels**
In Wäldern. Dass hier ein Greifvogel und kein Raubsäuger am Werk war, erkennt man an den heilen, herausgezupften Federkielen. Säugetiere beißen dagegen die Federn ab. Die Federn stammen von einer Ringeltaube.

**› Gallapfel an Eichenblatt**
Kirschengroß, grün oder rötlich, hervorgerufen durch Gallwespen, die ihre Eier ins Blattgewebe stechen. Die Larven wachsen in der Galle heran. Die abgebildete, sehr häufige Galle stammt von *Cynips quercusfolii*.

**› Gallen auf Buchenblatt**
Etwa 0,5–1 cm große Gebilde auf der Oberseite von Buchenblättern, hervorgerufen durch die Buchengallmücke *Mikiola fagi*, die ihre Eier ins Blattgewebe legt. Die Larven wachsen in der Galle heran.

**› Ananasgalle**
Pflaumengroßes, ananasartiges Gebilde auf Fichten, hervorgerufen durch die Fichtengall-Laus, die an den Nadeln saugt, die dann zu einer Galle zusammenwachsen. In der Galle leben die Larven.

**› Fraßspur einer Zwergmotten-Raupe**
Die 2–7 mm kleinen Zwergmotten, die in die Verwandtschaft der Schmetterlinge gehören, legen ihre Eier an Blätter; ihre Raupen fressen sich durchs Blattgewebe. So entstehen die weißlichen, gewundenen Gänge (Minen).

## Rothirsch (Haupttext Seite 12)

> Trittsiegel breitoval
> 6–9 cm lang und 4–7 cm breit
> Schrittlänge 80–150 cm

In Wäldern. Beim Gehen und Traben stellt der Rothirsch die Hinterhufe in etwa in die Abdrücke der Vorderhufe (s. Abb.). Der Hinterhuf ist immer etwas kleiner. In deutlichen Abdrücken zeichnet sich der Ballen ab, er nimmt etwa ein Drittel des Trittsiegels ein. Auf der Flucht im Galopp und beim Sprung sind die Hufe stark gespreizt, die Abdrücke liegen dann hintereinander.

## Reh (Haupttext Seite 12)

> Trittsiegel länglich herzförmig
> 4–5 cm lang und 3 cm breit
> Schrittlänge 60–90 cm

In Wäldern, auf Feldern. Häufigste Gangarten: Gehen und langsamer Trab. Dabei setzt das Reh die Hinterhufe in die Abdrücke der Vorderhufe (s. Abb.), die Trittsiegel sind nach außen gewandt. Auf der Flucht galoppieren und springen Rehe. Die Hufe sind dann V-förmig gespreizt, die Abdrücke liegen hintereinander.

## Wildschwein (Haupttext Seite 12)

> Trittsiegel mit Afterklauen
> 3–5 cm lang und 7–9 cm breit
> Schrittlänge 35–45 cm

In Laub- und Mischwäldern mit Wasserstellen. Typisch ist der Abdruck der Afterklauen (das sind zwei weiter oben am Fuß sitzende Zehen). Typische Gangarten: Gehen und Trab. Dabei setzt das Tier die Hinterhufe in die Abdrücke der Vorderhufe oder knapp dahinter. Man sieht den Abdruck aller vier Afterklauen (s. Abb.). Beim Galopp sind die Hufe stark gespreizt, die Abdrücke liegen hintereinander.

## Hase

> Vorderfuß rundlich, Hinterfuß länglich
> Trittsiegel Vorderpfote 5 cm lang, 3 cm breit
> Trittsiegel Hinterpfote 7–12 cm lang, 3,5 cm breit

In offenen Kulturlandschaften. Ob langsam oder auf der Flucht: Hasen bewegen sich immer hoppelnd. Daher sehen ihre Spuren stets gleich aus. Die Trittsiegel der länglichen Hinterpfoten liegen nebeneinander vor den ebenfalls nebeneinander gestellten Trittsiegeln der Vorderpfoten (s. Abb.). Je schneller der Hase, umso größer ist der Abstand zwischen den Spurgruppen – er kann bis zu 3 m betragen. Im Schnee kann man mitunter eine abrupte Richtungsänderung der Hasenspur entdecken – das ist das bekannte »Hakenschlagen«.

## Eichhörnchen (Haupttext Seite 14)

> Vorderfuß rundlich, Hinterfuß länglich
> Trittsiegel Vorderpfote 5 cm lang, 3 cm breit
> Trittsiegel Hinterpfote 7–12 cm lang, 3,5 cm breit

In Wäldern, Parks und Gärten. Da die einzige Fortbewegungsart auf dem Boden das Hoppeln ist, sehen die Abdrücke stets gleich aus. Die Trittsiegel der größeren Hinterpfoten liegen nebeneinander vor den ebenfalls nebeneinander gestellten Trittsiegeln der Vorderpfoten (s. Abb.). Da der Abstand zwischen den Hinterpfoten größer ist, entsteht auf diese Weise die typische, trapezförmige Spurgruppe.

vorne
hinten
vorne
hinten

## Rotfuchs (Haupttext Seite 14)

> Trittsiegel mit Haupt-, vier Zehenballen und Krallen
> 5 cm lang, 4–4,5 cm breit
> Schrittlänge 70–80 cm

Fast überall in Wald und Wiese, in Dörfern und Städten. Der Fuchs bewegt sich meist im Trab. Vorder- und Hinterpfote sind etwa gleich groß. Er setzt die Hinterpfoten in die Abdrücke der Vorderpfoten, deshalb liegen die Abdrücke der rechten und linken Pfoten wie an einer Schnur aufgereiht (»Schnüren«, s. Abb.). Fuchsspuren sind leicht mit denen von Hunden zu verwechseln. Die vom Fuchs sind aber kleiner und schmaler, die beiden mittleren Zehenballen liegen etwas weiter vorne als dies beim Hund der Fall ist (kleine Abb.).

## Dachs (Haupttext Seite 14)

> Hauptballen, fünf Zehenballen, Krallen
> 5–7 cm lang, 3,5–5 cm breit
> Schrittlänge 30–80 cm

In Laub- und Mischwäldern. Typisch ist die leichte Innenwendung der Pfotenabdrücke. Häufigste Fortbewegungsart des Dachses ist der behäbige Gang. Dabei setzt er die Hinterpfoten etwas nach hinten versetzt in die Abdrücke der Vorderpfoten (s. Abb.).

## Marder (Haupttext Seite 14)

> Hauptballen, fünf Zehenballen und Krallen
> 3,5–5 cm lang, 3–4 cm breit
> Schrittlänge 40–80 cm

In Wäldern, Feldern und Dörfern. Die häufigste Fortbewegungsweise der Marder am Boden ist der »Zweisprung«: Dabei setzen sie ihre Hinterpfoten genau in die Abdrücke der Vorderpfoten (s. Abb.). Flüchtende Marder hinterlassen meist alle vier Pfotenabdrücke. Die Spuren und Gangarten der kleineren Marderarten Iltis, Hermelin und Mauswiesel sind im Prinzip ähnlich, entsprechend der geringeren Körpergröße aber deutlich kleiner.

## Katze

> Trittsiegel fast rund, Hauptballen, vier Zehenballen
> 2–3,5 cm lang, etwa 3 cm breit
> Schrittlänge 35–45 cm

Überall häufig, wo Menschen wohnen, aber auch in Wald und Wiese umherstreifend. Im Abdruck sind meist keine Krallen zu sehen, weil sie beim Laufen eingezogen sind. Beim Traben setzt die Katze ihre Hinterpfoten genau in die Abdrücke der Vorderpfoten. Deshalb liegen die Abdrücke der rechten und linken Pfoten wie an einer Schnur aufgereiht (s. Abb.), ein Phänomen, das auch vom Fuchs bekannt ist (»Schnüren«).

## Igel

> Trittsiegel mit fünf Zehen und langen Krallen
> 2,5 cm lang und etwa 3 cm breit
> Schrittlänge 20–25 cm

In Gärten, lichten Wäldern und Parks. Da der »Daumen« recht kurz ist, hinterlässt er oft keine Spur; das Trittsiegel kann dadurch vierzehig aussehen. Meist geht der Igel gemächlich voran. Dabei setzt er seine Hinterfüße hinter die Abdrücke der Vorderfüße. Im Trab aber setzt er die Hinterfüße in die Vorderfuß-Spuren hinein oder davor.

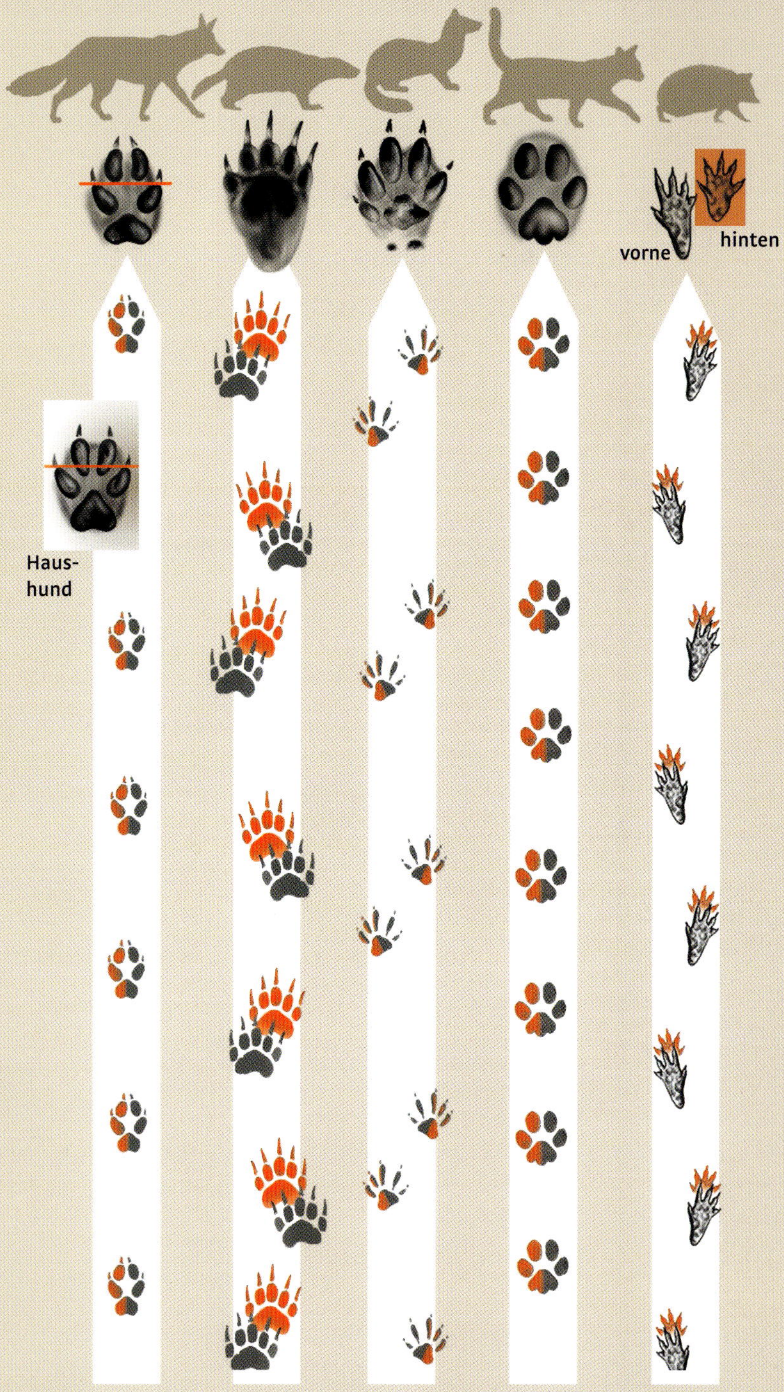
vorne
hinten
Haus-
hund

# Register

(HK = Hinterklappe)

# Literatur

Ein Buch im vorliegenden Umfang über die Tier- und Pflanzenwelt eines so artenreichen Lebensraums, wie es die verschiedenen Wälder darstellen, muss zwangsläufig unvollständig sein und den Schwerpunkt auf häufige oder auffällige Bewohner legen. Wer sich weitergehend mit der Materie beschäftigen möchte, dem sei nachfolgende Literatur empfohlen:

Aichele, Dietmar: Was blüht denn da? – Der Fotoband. Kosmos Verlag 2005.

Aichele, Dietmar und Heinz-Werner Schwegler: Die Blütenpflanzen Mitteleuropas Band I-V. Kosmos Verlag 2004.

Bellmann, Heiko: Der neue Kosmos-Insektenführer. Kosmos Verlag 1999.

Bellmann, Heiko: Der neue Kosmos-Schmetterlingsführer. Kosmos Verlag 2003.

Brauns, Adolf: Taschenbuch der Waldinsekten. Gustav Fischer Verlag 1991.

Dreyer, Eva und Wolfgang: Der Kosmos-Waldführer. Kosmos Verlag 2001.

Hecker, Frank und Katrin: Der Kosmos-Naturführer für unterwegs. Kosmos Verlag 2004.

Hecker, Frank und Katrin: Treffpunkt Wald. Kosmos Verlag 2004.

Hecker, Frank und Katrin: Treffpunkt Teich und Tümpel. Kosmos Verlag 2003.

Laux, Hans E.: Der neue Kosmos-Pilzatlas. Kosmos Verlag 2002.

Laux, Hans E.: 100 Pilze. Kosmos Verlag 2004.

Marbach, Bernhard und Christian Kainz: Moose, Farne und Flechten. BLV 2002.

Mayer, Joachim und Heinz-Werner Schwegler: Welcher Baum ist das? Kosmos Verlag 2002.

Richarz, Klaus: Säugetiere Erkennen & Bestimmen. Steinbachs Naturführer. Ulmer Verlag 2002.

Singer, Detlef: Welcher Vogel ist das? Kosmos Verlag 2002.

Stichmann, Wilfried und Ursula Stichmann-Marny: Der neue Kosmos-Pflanzenführer. Kosmos Verlag 1999.

Stichmann, Wilfried und Erich Kretzschmar: Der neue Kosmos-Tierführer. Kosmos Verlag 2003.

Stichmann-Marny, Ursula: Der Kosmos-Tier- und Pflanzenführer. Kosmos Verlag 2005.

# Essbare Früchte (siehe auch S. 1: Kasten)

### 1 Wald-Erdbeere *Fragaria vesca* (vgl. S. 72)

Die süßen Wald-Erdbeeren sind ein leckeres Wildobst. Aus den getrockneten Blättern (Erntezeit Mai bis August) lässt sich ein guter Tee bereiten. **Inhaltsstoffe** Viel Vitamin C und Gerbstoffe; Vorsicht Allergiker – Erdbeeren enthalten Allergene! **Beste Sammelzeit** Juni bis September.

### 2 Brombeere *Rubus fruticosus* (vgl. S. 62)

Reife Früchte tiefschwarz. Die Blätter, einige Tage in einem feuchten Handtuch eingewickelt und anschließend getrocknet (einfache Methode zum Fermentieren), ergeben einen leckeren Früchtetee. **Inhaltsstoffe** Provitamin A, verschiedene Fruchtsäuren, Gerbstoffe; gut gegen Magenschmerzen. **Beste Sammelzeit** Früchte Juni bis September, Blätter ganzjährig.

### 3 Himbeere *Rubus idaeus*

1–2 m hoher, stacheliger Strauch. Reife Früchte korallenrot. Die fermentierten Blätter (siehe Brombeere) ergeben einen guten Früchtetee. **Inhaltsstoffe** Verschiedene Vitamine und Mineralstoffe; gut gegen Bauchweh und Durchfall. **Beste Sammelzeit** Früchte Mai bis August, Blätter ganzjährig.

### 4 Blaubeere *Vaccinium myrtillus* (vgl. S. 66)

Reife Früchte dunkelblau. Die frischen Blätter, mit kochendem Wasser übergossen, ergeben einen leckeren Tee. **Inhaltsstoffe** Verschiedene Säuren, Gerbstoffe und Mineralstoffe; frische Früchte wirken abführend. **Beste Sammelzeit** Juli bis September.

### 5 Preiselbeere *Vaccinium vitis-idaea*

Reife Früchte tiefrot, glänzend. Schmecken roh eher herb und unangenehm. Lecker als Marmelade (1 kg Früchte auf 1 kg Gelierzucker), leckere Beilage für Wildgerichte. Getrocknete Blätter als Tee. **Inhaltsstoffe** Viel Vitamin C, Säuren und Gerbstoffe; entzündungshemmend. **Beste Sammelzeit** Früchte Juli bis September, Blätter Mai bis August.

### 6 Schlehe, Schwarzdorn *Prunus spinosa*

Reife Früchte schwarz-blau, bläulich bereift. Schmecken trocken sehr sauer, am besten nach dem ersten Frost ernten; dann schmecken die Beeren milder. Gut geeignet für Marmeladen, Saft und Schnäpse. **Inhaltsstoffe** Vitamin C und Gerbstoffe. **Beste Sammelzeit** September bis Dezember.